职业技能等级认定培训教材

西式面点师

主 编 ◎ 吴 勇　陈小蒙

XISHI MIANDIANSHI

 中国劳动社会保障出版社

图书在版编目(CIP)数据

西式面点师：高级 / 吴勇，陈小蒙主编. -- 北京：中国劳动社会保障出版社，2023
职业技能等级认定培训教材
ISBN 978-7-5167-6156-4

Ⅰ.①西… Ⅱ.①吴… ②陈… Ⅲ.①西点-制作-职业技能-鉴定-教材 Ⅳ.①TS213.23

中国国家版本馆 CIP 数据核字（2023）第 215758 号

中国劳动社会保障出版社出版发行
（北京市惠新东街 1 号　邮政编码：100029）

*

北京宏伟双华印刷有限公司印刷装订　　新华书店经销
787 毫米 ×1092 毫米　16 开本　6.75 印张　112 千字
2023 年 12 月第 1 版　2023 年 12 月第 1 次印刷
定价：27.00 元

营销中心电话：400-606-6496
出版社网址：http://www.class.com.cn

版权专有　　侵权必究
如有印装差错，请与本社联系调换：（010）81211666
我社将与版权执法机关配合，大力打击盗印、销售和使用盗版图书活动，敬请广大读者协助举报，经查实将给予举报者奖励。
举报电话：（010）64954652

本书编审人员

主　编　吴　勇　陈小蒙

编　者　许方浩　徐雨佳　王启翔　赵　芬　韩　莉　赵爱国
　　　　　丁新杰　石　磊　孙孝泊　赵　颖　魏晓宇　李意得

主　审　汪海峰　阚道生

内 容 简 介

本教材根据《西式面点师国家职业技能标准（2018年版）》要求编写，适用于职业技能等级认定培训和中短期职业技能培训。

本教材在编写中根据高级西式面点师的工作特点，以能力培养为根本出发点，采用项目化的方式编写。全书共包括四个项目：巧克力制作、面包制作、装饰蛋糕制作、甜点制作。

本教材可作为西式面点师职业技能等级认定培训教材，也可供全国中、高等职业院校相关专业师生及本职业从业人员培训使用。

前　　言

西式面点师职业技能等级认定培训教材（以下简称西式面点师等级教材）依据《西式面点师国家职业技能标准（2018年版）》，结合岗位工作实际编写，突出"以就业为导向，以能力为本位，以技能为核心"的职业教育培养理念，致力于培养实用型、技能型专业人才。

西式面点师等级教材按照项目分级别编写，共包括《西式面点师（初级）》《西式面点师（中级）》《西式面点师（高级）》三本。教材将理论知识和技能操作相结合，详细讲解了各类西式面点的制作工艺，引导餐饮从业人员和学生将理论知识更好地运用于实践中，可以提高餐饮从业人员和学生的基本素质，全面提高他们的思维能力与实践能力，对他们掌握西式面点制作的核心知识与技能有指导作用，同时也对他们的生产技能提出更高的要求。

本书是西式面点师等级教材中的一本，每个项目设置若干个任务，本着"实用为主、够用为度"的原则，内容包括高级西式面点师应掌握的理论知识和操作技能。

本书由吴勇、陈小蒙担任主编，许方浩、徐雨佳、王启翔、赵芬、韩莉、赵爱国、丁新杰、石磊、孙孝泊、赵颖、魏晓宇、李意得参与编写。

本书在编写过程中得到江苏省经贸技师学院（江苏省连云港工贸高等职业技术学校）、上海市贸易学校、江苏海州湾会议中心有限公司、江苏万千食品投资有限公司、南京交通技师学院、南京卫晟教育科技有限公司等单位的大力支持与协助，在此一并表示衷心感谢。

由于编者水平有限，书中难免存在不足之处，欢迎广大读者提出宝贵意见和建议。

编者

目　　录

项目一　巧克力制作 **001**

　　任务一　巧克力馅制作 001

　　任务二　巧克力花样制作 006

　　任务三　巧克力酱制作 012

项目二　面包制作 **017**

　　任务一　丹麦面包皮制作 017

　　任务二　羊角丹麦面包制作 025

　　任务三　丹麦手撕面包制作 031

　　任务四　三角丹麦比萨制作 035

　　任务五　丹麦雪山面包制作 039

项目三　装饰蛋糕制作 **045**

　　任务一　巧克力淋面蛋糕卷制作 045

　　任务二　水果装饰蛋糕制作 054

　　任务三　杏仁团糖膏蛋糕制作 060

　　任务四　舒芙蕾蛋糕制作 068

项目四　甜点制作 **073**

　　任务一　巧克力慕斯制作 073

任务二　水果慕斯制作 081

任务三　提拉米苏制作 087

附录　中英文术语对照表 **095**

项目一 巧克力制作

巧克力的原料可可豆原产于美洲热带地区,最早的"巧克力"是当地人制作的一种含有可可粉的食物,它的味道苦而辣。到了16世纪,西班牙人将可可粉及香料拌在甘蔗汁中,制成一种味道香甜的巧克力饮料。后来,有人将液体巧克力脱水,浓缩成一块块便于携带和保存的巧克力糖。到了1876年,一位瑞士人别出心裁,在巧克力饮料中掺入一些牛奶,形成了现代巧克力的基本配方。

巧克力制作的任务包括:巧克力馅制作、巧克力花样制作、巧克力酱制作。

任务一 巧克力馅制作

一、学习目标

(一)知识目标

了解巧克力馅原料的营养特点。
了解铲刀的使用方法。

(二)技能目标

学会制作巧克力馅的工艺流程。

能够发现和分析巧克力馅制作的常见问题,并掌握处理方法。

二、设备和工具准备

设备:电磁炉。

工具:电子秤、铲刀、不锈钢搅拌勺、不锈钢盆、长针形温度计、软质刮刀等。

三、巧克力馅配方(见表1-1)

表1-1 巧克力馅配方

原料	质量/g	烘焙百分比
黑巧克力	500	100%

四、工艺流程

隔水加热融化→调温→降温→回温。

五、制作

(一)制作步骤

1. 隔水加热融化

步骤

将用铲刀切好的黑巧克力碎隔水加热融化。

2. 调温

步骤

用不锈钢搅拌勺搅拌,至黑巧克力完全融化、无颗粒。

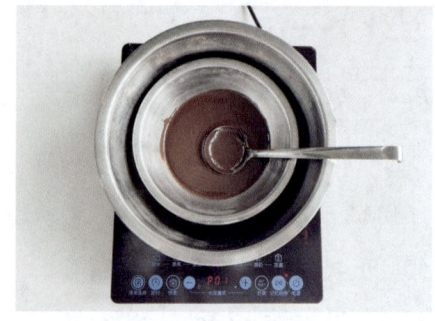

3. 降温

步骤 1
将部分融化的黑巧克力倒在大理石操作台上均匀降温,用铲刀铲起黑巧克力不断地左右摊匀,保持黑巧克力具有流动性。

步骤 2
当黑巧克力温度降到 28 ~ 29 ℃时,尽快将黑巧克力装回不锈钢盆,避免黑巧克力温度进一步降低后凝固结块。

4. 回温

步骤
将降温的黑巧克力与调温的黑巧克力用软质刮刀混合均匀,当不锈钢盆内黑巧克力的温度达到 32 ℃时,巧克力馅就制好了。

(二)制作注意事项

1. 注意不要让盛装黑巧克力的不锈钢盆进水,否则黑巧克力会越搅越硬。

2. 应按同一个方向搅拌,这样可以避免空气进入黑巧克力而产生气泡。

3. 搅拌会加速黑巧克力融化,同时使黑巧克力更软滑、细腻,光泽度也更好。

4. 对黑巧克力碎进行隔水加热时,热水的温度宜为 45 ℃,避免水温太高使黑巧克力油水分离。

5. 当大理石操作台上的黑巧克力温度还很高时,摊开的面积要大一些;待黑巧克力温度下降后,摊开的面积要慢慢缩小。这样操作是为了使黑巧克力不易变干而易于调节。

(三)保存

巧克力馅不能受潮,保存温度也不能太高,适宜密封恒温保存(最好真空保存)。巧克力馅的适宜保存温度是 18~20 ℃,适宜保存湿度是 45%~55%。应避免巧克力馅与空气接触,防止其变干、氧化。

如果保存温度变化较大,巧克力馅表面会出油"返霜",原因是可可脂渗出,出现这种情况将巧克力馅重新融化即可。

如果保存湿度变化较大,巧克力馅表面会出糖"返霜",原因是巧克力馅中的糖分渗出,出现这种情况即使将巧克力馅重新融化也无法再正常调温,需要尽快使用。

六、相关知识

(一)巧克力馅制作设备相关知识

本任务使用的加热设备是电磁炉,电磁炉又称电磁灶。用电磁炉对巧克力进行隔水融化,方便快捷。

(二)巧克力馅制作工具相关知识

1. 铲刀

铲刀(见图 1-1)是对巧克力进行调温的必用工具,它分为大小两种。大铲刀总长 16 cm,刀体长 6.5 cm,刀刃长 10 cm。小铲刀总长 18 cm,刀体长 9 cm,刀刃长 5 cm。

2. 不锈钢搅拌勺

不锈钢搅拌勺(见图 1-2)是一种多功能勺,主要用于捞取食物。

图 1-1 铲刀

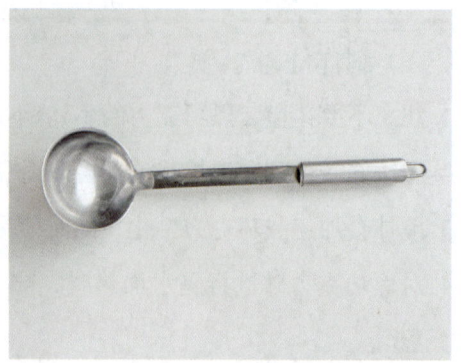
图 1-2 不锈钢搅拌勺

3. 不锈钢盆

对巧克力进行调温时，通常使用大小不同的两个不锈钢盆（见图1-3），将巧克力隔水融化。

4. 长针形温度计

长针形温度计（见图1-4）是一种检测温度的烘焙工具。长针形温度计操作简单，方便携带。

图1-3　不锈钢盆

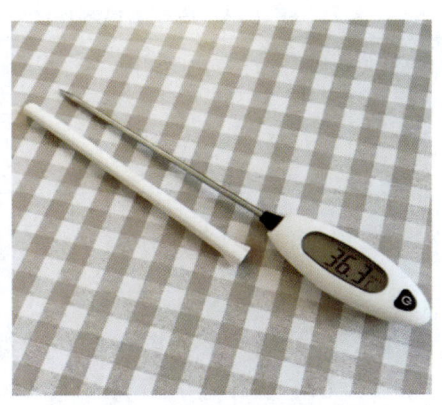

图1-4　长针形温度计

（三）巧克力馅制作原料相关知识

巧克力的主要原料是可可制品（可可粉、可可脂或可可液块等）、乳制品和糖类。可可制品本身的味道是苦涩的，巧克力的美味是乳制品、糖类等原料添加后调和的结果。

根据原料的不同含量，巧克力主要分为三大类：黑巧克力、白巧克力和牛奶巧克力。夹心巧克力、酒心巧克力等巧克力制品都是在这三类巧克力基础上制作的。对巧克力进行调温时，通常选用可可脂含量较低的黑巧克力。巧克力的基本成分见表1-2。

表1-2　巧克力的基本成分

项目		巧克力		
		黑巧克力	白巧克力	牛奶巧克力
可可脂（以干物质计）/（g/100 g）	≥	18	20	—
非脂可可固形物（以干物质计）/（g/100 g）	≥	12	—	2.5
总可可固形物（以干物质计）/（g/100 g）	≥	30	—	25
乳脂肪（以干物质计）/（g/100 g）	≥		2.5	2.5
总乳固体（以干物质计）/（g/100 g）	≥		14	12

（四）巧克力馅成品质量标准

1. 成品表面细腻有光泽。
2. 成品表面无颜色发白现象。
3. 成品表面无返砂颗粒。
4. 成品卫生情况良好，无出油"返霜"现象。

（五）巧克力馅制作的常见问题、主要原因及处理方法（见表1-3）

表1-3　巧克力馅制作的常见问题、主要原因及处理方法

常见问题	主要原因	处理方法
返砂	反复加热产生颗粒	可以重新加入少量黑巧克力，用不锈钢搅拌勺不断地搅拌至顺滑、有光泽
	隔水加热时水温过高	水温应适宜，可以用长针形温度计来确认水温是否超过45 ℃
	不锈钢盆和不锈钢搅拌勺有水渍	在使用不锈钢盆和不锈钢搅拌勺前应对其进行检查，若有水渍可用厨房纸进行擦拭，保证二者干燥
变稠	在大理石操作台上多次摊匀时油脂有损失	可以添加适量可可脂
出油"返霜"	保存时环境温度升高，可可脂在表层冷却后又发生结晶	应重新加热调温，搅拌至恢复正常状态

任务二　巧克力花样制作

巧克力调温是巧克力花样制作的基础。巧克力具有可塑性、延展性和保存性，因而可以将其做出造型，如做出人物、动物、花卉等造型。巧克力花样实用性强，常用作蛋糕插件、糖果等。制作巧克力花样时，常使用黑巧克力。本任务主要学习制作巧克力玫瑰花。

一、学习目标

（一）知识目标

了解巧克力花样原料的营养特点。

项目一　巧克力制作

（二）技能目标

学会制作巧克力花样的工艺流程。

掌握制作巧克力花样的手法。

能够发现和分析巧克力花样制作的常见问题，并掌握处理方法。

二、设备和工具准备

设备：电磁炉。

工具：电子秤、铲刀、不锈钢盆、不锈钢搅拌勺、软质刮刀、雕刻刀、保鲜膜、擀面棍等。

三、巧克力花样配方（见表 1-4）

表 1-4　巧克力花样配方

原料	质量 /g	烘焙百分比
黑巧克力	500	70.4%
葡萄糖浆	200	28.2%
金粉	10	1.4%
合计	710	100.0%

规格：巧克力玫瑰花直径约为 7 cm，单片花瓣厚度约为 0.1 cm。

数量：本配方可制成巧克力玫瑰花成品 1 个。

四、工艺流程

调温→降温→成形→组装→装饰。

五、制作

（一）制作步骤

1. 调温

步骤 1

将切好的黑巧克力碎隔水加热融化。

步骤 2

待黑巧克力完全融化后，将不锈钢盆放在大理石操作台上静置，在融化的黑巧克力中加入葡萄糖浆，用软质刮板进行搅拌。

2. 降温

步骤 1

将巧克力液倒在铺有保鲜膜的大理石操作台上静置降温。

步骤 2

用擀面棍将降温成膏状的巧克力擀成厚约 0.2 cm 的薄片，用雕刻刀裁成圆形。

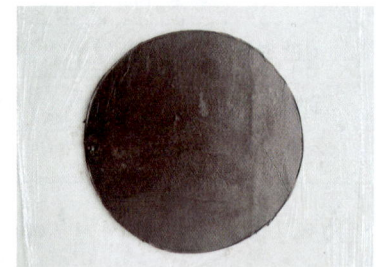

3. 成形

步骤 1

用雕刻刀在圆形薄片上划出 1 片玫瑰花瓣的轮廓，沿着划好的轮廓将花瓣轻轻地剥离出来。

步骤 2

再次擀薄玫瑰花瓣，将其擀至 0.1 cm 厚。以相同的手法做出大小不同的 20 片玫瑰花瓣。

4. 组装

> **步骤 1**
> 拿出两片最小的花瓣，将其交叉对折并捏紧，制成花心。

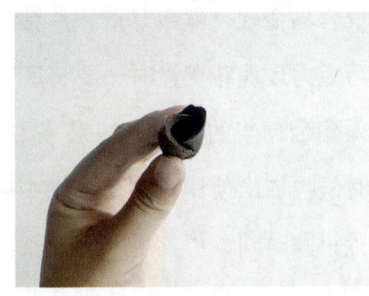

> **步骤 2**
> 将剩余的花瓣从小到大按每层3~5瓣的数量进行粘接，并根据花的整体形状是否呈圆形进行调整。

> **步骤 3**
> 用手指将完成拼接的花瓣做出弧度，使巧克力玫瑰花更逼真。

5. 装饰

> **步骤**
> 在做好的巧克力玫瑰花表面撒金粉进行装饰。

（二）制作注意事项

1.加入葡萄糖浆的目的是使巧克力质地变软，便于操作。

2.如果巧克力过于软化，则可能粘在保鲜膜上剥离不下来，这时需要让巧克力稍降温，可以用装了冷水的玻璃杯底部在巧克力上压几下。除了保鲜膜，也可以使用油纸。

3.室温适宜的时候,可以把花瓣先全都擀好,再一片片组装起来。但若室温较低,擀好的花瓣很容易变硬,就最好擀一片粘一片。

4.用巧克力玫瑰花摆盘时,要将底部裁切平整。

5.加入葡萄糖浆的巧克力如果一次没有用完,可以用密封盒装好放入冰箱冷藏保存,等需要的时候再取出使用。刚从冰箱中取出的巧克力会很硬,可以用手反复揉搓或在室温环境下放置一段时间,待其温度上升就会回温变软。

6.夏季天气炎热时,可以减少葡萄糖浆的用量,便于对巧克力做造型。

(三)保存

巧克力玫瑰花在成形后可以放在18 ℃左右的室温下保存,如果装入密封包装可以在相对恒温的环境下保存几个月。若室温过高,应将巧克力玫瑰花放入冰箱中冷藏保存。注意,低温会导致巧克力玫瑰花表面出现一层白色雾状膜,虽然它不会导致巧克力玫瑰花变味,但会影响美观。不建议冷冻保存,因为巧克力玫瑰花会变得很硬,表面雾状膜情况会更严重。从冰箱中取出的巧克力玫瑰花不要立即食用,让其在室温下回温后再食用口感较好。

六、相关知识

(一)巧克力花样制作工具相关知识

1.雕刻刀

雕刻刀(见图1-5)是用来雕、刻、切、刮巧克力的专业工具。有些雕刻刀套装还包含毛笔,可以用来刷扫雕刻时散落下来的巧克力碎。本任务使用了雕刻刀,但没有使用毛笔。

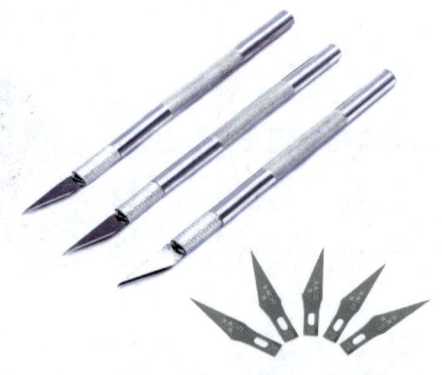

图1-5 雕刻刀

2.擀面棍

本任务使用的是外表光滑的木质擀面棍(见图1-6)。

图 1-6　木质擀面棍

3. 保鲜膜

本任务使用的是适用于冰箱保鲜的普通保鲜膜（见图 1-7）。

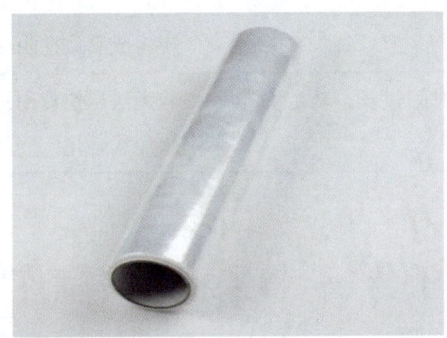

图 1-7　普通保鲜膜

（二）巧克力花样制作原料相关知识

1. 金粉

金粉是一种可食用的金箔粉，可添加在蛋糕、糖果等西点产品中作为装饰物，能提高产品档次，烘托喜庆气氛。

2. 葡萄糖浆

葡萄糖浆味道独特，其焦糖化反应温度低于白砂糖，甜度也低于白砂糖，具有更好的黏度、锁水性和口感，且可发酵糖含量高，有利于食品发酵，因而广泛应用在烘焙食品的制作中。使用葡萄糖浆制作烘焙食品，有利于其保持含水率恒定、具有柔软的口感。

注意，葡萄糖浆具有良好的还原性，加热时容易分解成有色物质，并且容易与蛋白质等含氮物质发生反应。

除了葡萄糖浆，高麦芽糖浆、低聚浓缩糖浆等理论上也都是可以使用的，但烘焙百分比可能有所不同。

（三）巧克力花样成品质量标准

1. 成品造型应符合真实花卉开放的形态。
2. 成品整体造型圆润、饱满。
3. 花瓣薄厚均匀、层数清晰。
4. 成品卫生情况良好，无粘不牢、花瓣变形等现象。

（四）巧克力花样制作的常见问题、主要原因及处理方法（见表1-5）

表1-5　巧克力花样制作的常见问题、主要原因及处理方法

常见问题	主要原因	处理方法
花瓣变形	手温过高	可以用凉水洗手，降低手温
	室温过高	应将成品放在阴凉处或冰箱冷藏室中保存
	成品放置时间过长，巧克力中的油脂流失	若无法尽快食用，可以添加适量可可脂后重新隔水加热融化、调温

任务三　巧克力酱制作

巧克力酱制作方法简单，口感细腻，具有一股特殊的浓郁香气。巧克力酱的用途很广泛，可以淋面、调温、灌模、涂抹、裱花等，也可以直接食用。

一、学习目标

（一）知识目标

了解巧克力酱原料的营养特点。

（二）技能目标

学会制作巧克力酱的工艺流程。

能够发现并分析巧克力酱制作的常见问题，并掌握处理方法。

二、设备和工具准备

设备：电磁炉。

工具：电子秤、不锈钢锅、不锈钢碗、手动打蛋器、长针形温度计、保鲜盒等。

项目一 巧克力制作

三、巧克力酱配方（见表1-6）

表 1-6　巧克力酱配方

原料	质量/g	烘焙百分比
黑巧克力	90	28.0%
淡奶油	85	26.4%
水	80	24.8%
细砂糖	45	14.0%
可可粉	22	6.8%
合计	322	100.0%

四、工艺流程

称料→加热→搅拌→冷却。

五、制作

（一）制作步骤

1. 称料

> **步骤**
>
> 按配方先称量淡奶油、水和细砂糖并倒入不锈钢锅中混合均匀，再称量黑巧克力和可可粉并分别放在不锈钢碗中备用。

2. 加热

> **步骤1**
>
> 用中火加热不锈钢锅中的混合液，在加热过程中用手动打蛋器不断地搅拌，煮沸后关闭电磁炉。

步骤 2

在不锈钢锅中放入可可粉，用手动打蛋器搅拌均匀后再开启电磁炉用小火煮沸，在加热过程中不断地搅拌以防糊底。

3. 搅拌

步骤

将不锈钢锅放在大理石操作台上冷却，直到液体温度降至50 ℃，放入黑巧克力并用手动打蛋器搅拌均匀，制成巧克力酱。

4. 冷却

步骤

待巧克力酱冷却后倒入保鲜盒中备用。

（二）制作注意事项

1. 加热淡奶油、水和细砂糖时一定要调至中火，并不断地搅拌。

2. 当巧克力酱呈浓稠状时就可以将其倒出了，如果倒出不及时将导致干锅，粘在锅边缘的巧克力酱就无法再倒出。

（三）保存

巧克力酱在制作完成后，一般用保鲜盒或食品包装袋进行密封保存。如果将密封好的巧克力酱放入冰箱中冷藏保存，可以保存1周左右。巧克力酱保存不当会出现软化变形、表面有白霜、内部返砂、串味或香气减少等情况，应尽量避免。

六、相关知识

（一）巧克力酱制作工具相关知识

1. 不锈钢锅

不锈钢锅（见图1-8）是一种食物烹饪容器，它导热快、易于清洗，适用于煮或炸。

图1-8　不锈钢锅

2. 手动打蛋器

手动打蛋器（见图1-9）主要用来搅打鸡蛋、打发淡奶油和搅拌其他原料。

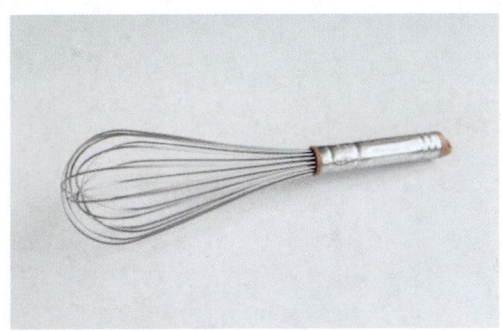

图1-9　手动打蛋器

（二）巧克力酱制作原料相关知识

1. 淡奶油

淡奶油是一种动物奶油，其脂肪含量一般在30%～38%。淡奶油可以调和黑巧克力的苦味，丰富巧克力酱的味道。

2. 细砂糖

细砂糖是结晶颗粒较小的一种糖制品，它能够调和黑巧克力的苦味，增加巧克力酱的甜味。

3. 可可粉

可可粉按含脂量不同可分为高脂可可粉、中脂可可粉、低脂可可粉。本任务使用的是高脂可可粉，这种可可粉可提升巧克力酱的质感。

（三）巧克力酱成品质量标准

1. 成品无气泡。

2. 成品质地顺滑、细腻、有光泽。

3. 成品无可可粉的颗粒感。

4. 成品卫生情况良好，无返砂情况。

（四）巧克力酱制作的常见问题、主要原因及处理方法

参考巧克力馅制作的常见问题、主要原因及处理方法。

项目二 面包制作

本项目主要介绍丹麦面包的制作方法。丹麦面包又称起酥起层面包,它具有口感酥香、层次分明、奶香味浓、质地松软的特点。这种面包的发源地其实是维也纳,在除丹麦以外的其他产地,人们又称其为维也纳面包。

丹麦面包加工工艺复杂,通常是先将经过 3 h 以上低温醒发的面团擀压成所需要厚度,再用其包油后进行折叠,使包有油脂的面团产生很多层次,于是面层和油层互相分隔不混合。丹麦面包多同酱料、水果等组合起来烘烤。如果需要可以在出炉的丹麦面包表面刷蛋奶液、面包光亮剂等,待其冷却后撒上糖粉或涂上果酱进行装饰。丹麦面包制作时间较长,款式相对较少。

面包制作的任务包括:丹麦面包皮制作、羊角丹麦面包制作、丹麦手撕面包制作、三角丹麦比萨制作、丹麦雪山面包制作。

任务一 丹麦面包皮制作

一、学习目标

(一)知识目标

了解丹麦面包皮原料的营养特点。

了解和面机、开酥机的作用。

掌握和面机、开酥机的安全使用方法。

（二）技能目标

学会制作丹麦面包皮的工艺流程。

能够发现和分析丹麦面包皮制作的常见问题，并掌握处理方法。

二、设备和工具准备

设备：和面机、开酥机、冰箱。

工具：电子秤、走槌、正方形烤盘、小刀、毛刷、食品袋等。

三、丹麦面包皮配方（见表 2-1）

表 2-1 丹麦面包皮配方

原料	质量 /g	烘焙百分比
高筋面粉	800	35.09%
片状黄油	500	21.93%
冰水	300	13.16%
低筋面粉	200	8.77%
鸡蛋	150	6.58%
白砂糖	120	5.26%
牛奶	100	4.38%
黄油	80	3.51%
盐	20	0.88%
酵母	10	0.44%
合计	2 280	100.00%

四、工艺流程

面团调制→成型、醒发、松弛→包油→擀压、分割、保存。

项目二　面包制作

五、步骤

（一）制作步骤

1. 面团调制

步骤 1

将除片状黄油以外的其他原料一次性加入和面机的搅拌缸中，用慢速挡搅拌。

步骤 2

待原料搅拌成团无干粉后，换成高速挡快速打出面筋。

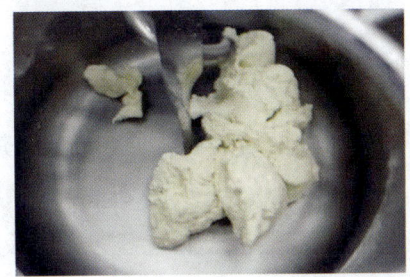

步骤 3

当搅拌至面团表面光滑时，扯下一块面团看能否拉扯出薄膜，如果薄膜透而薄则说明已经搅拌好。

2. 成型、醒发、松弛

步骤

将搅拌好的面团放入正方形烤盘内成型、醒发，之后用食品袋套住烤盘，将其放入冰箱冷冻松弛备用。

3. 包油

步骤 1

在操作台上撒少许高筋面粉,用走槌将片状黄油敲打均匀。

步骤 2

取出冷冻好的面团,擀至片状黄油面积的两倍大且呈长方形,将片状黄油摆放在长方形面坯中间。

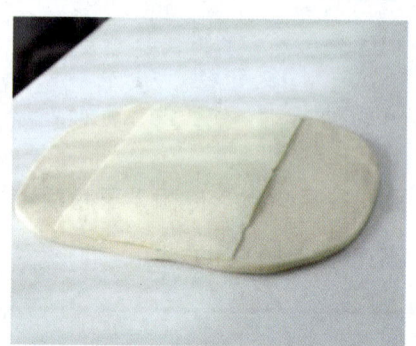

步骤 3

将面坯两边折叠包裹住片状黄油,捏紧接缝处,轻压上下两端。若面坯状态适宜,可以在两侧用小刀割出小口,释放压力,以防擀压后出现圆边。

步骤 4

用开酥机或走槌将面坯压开或擀开,准备进行第一次四折。

项目二　面包制作

步骤 5

用毛刷将面坯表面多余的干粉刷去，从两边 1/6 和 1/3 处分别向内折叠。

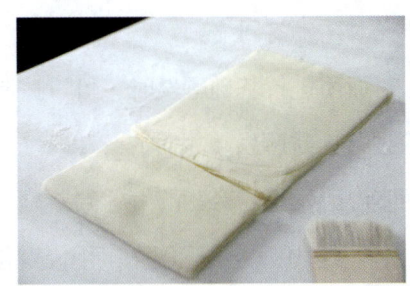

步骤 6

将面坯对折，完成第一次四折。

步骤 7

沿着上图箭头方向再次将面坯压开或擀开，用毛刷刷去面坯表面多余的干粉，进行第二次四折。

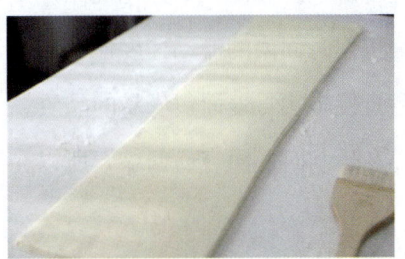

4. 擀压、分割、保存

步骤

根据丹麦面包产品规格要求，将面坯擀压至相应的厚度并分割，制成丹麦面包皮，并套上食品袋放入冰箱冷冻保存。

（二）制作注意事项

1. 制作丹麦面包皮时不需要将面团搅打到完全扩展阶段，所以不必采用后油法，直接将除片状黄油以外的其他原料混合搅打成团即可。

2. 搅打面团时，因为不同品牌的面粉吸水性不同，所以可视面团的软硬程度酌情增减用水量，可分次加水进行调整。面团搅打好后应该是相当柔软的，只有它含有足够的水分，擀压时才不易回缩。

3. 对面团进行基础醒发时，可以按制作步骤中的方法在室温下进行，也可以将面团放入冰箱进行冷藏醒发（用时 6～12 h）。若选择冷藏醒发，冷藏温度在 4 ℃左右为宜。不论采用室温醒发还是冷藏醒发，判断醒发是否完成的标准都是一样的，即面团体积变大为 2～2.5 倍，且用手指蘸面粉在面团表面戳出孔洞后，孔洞不回缩也不塌陷。

4. 片状黄油是一种人造黄油，它不容易融化，可使制作更容易，但这样做出来的丹麦面包皮无论是口感还是营养健康方面，都不如用普通黄油制作的。当然，大量制作丹麦面包皮时，因为普通黄油不易控制、操作有难度、成本较高，所以还是可以使用人造黄油的。

5. 包油时要注意面团与片状黄油的软硬度是否一致。若面团与片状黄油都较软，则会发生混酥现象。若片状黄油比面团硬，则会发生断油现象。尤其是当片状黄油比面团硬很多时，操作时面团的流动速度比片状黄油快，那么部分面包皮边缘就会没有油层。上述情况都会直接影响丹麦面包成品的品质。

6. 在擀制时面团容易回缩，所以在擀制前要将面团冷冻松弛，但冷冻松弛的时间不宜过长。

7. 在制作过程中，丹麦面包皮是不断醒发的，所以整个工艺流程在时间、温度上需要严格把控，擀压开酥的环境温度通常控制在 20～25 ℃。应避免环境温度过高，否则面团温度将快速上升从而引起混酥。

8. 丹麦面包皮制作好后需要立即用冰箱冷冻保存，不可长时间在室温下存放。

六、相关知识

（一）丹麦面包皮制作设备相关知识

1. 和面机

和面机（见图 2-1）是一种面食制作机械，主要用来将干性原料和湿性原料均匀混合。和面机可进行正转和反转，按功能不同可分为双速双动和面机和单速单动和面机两类。

2. 开酥机

开酥机又称起酥机（见图 2-2），它主要用于某些西点的整形及制作。

项目二　面包制作

图 2-1　和面机

图 2-2　开酥机

在使用开酥机之前，应先检查各部位是否完好无损、是否漏电，并用干布将其擦干净，在确认开酥机功能正常、干净卫生之后方可合闸运转。

开酥机的输送平台不宜承放重物，所压面团不能太硬（冷冻面团需要回温），一次不要压太薄，否则将影响开酥机的工作稳定性及使用寿命。当面团厚度在 10 mm 以上时，每次可压薄 5 mm 左右；当面团厚度在 5～10 mm 时，每次可压薄 2 mm 左右；当面团厚度在 5 mm 以内时，每次可压薄 1 mm 左右。

在开酥机正常运转 40 h 后，通常要将传动带、链条重新张紧到合适位置，以免传动部件打滑、脱链；在开酥机正常运转 80 h 后，通常要对链轮、链条等传动部件加油，并将螺母等紧固件重新紧固，以免设备磨损过快。

（二）丹麦面包皮制作工具相关知识

走槌（见图2-3）又称通心槌，它是擀面棍的一种，是手工制作丹麦面包皮的一种重要工具。走槌规格有小号、中号和大号三种。其中，小号走槌总长为30 cm，中间部位长为12 cm、直径为5.5 cm；中号走槌总长为40 cm、中间部位长为20 cm、直径为7～7.5 cm；大号走槌总长为48 cm、中间部位长为26 cm、直径为7～7.5 cm。

图2-3　走槌

（三）丹麦面包皮制作原料相关知识

1. 高筋面粉

高筋面粉多用来制作面包，因而又称面包粉。高筋面粉是制作面包必不可少的原料。

2. 低筋面粉

低筋面粉的蛋白质含量较低，常用来制作蛋糕、饼干等，可使成品更加疏松、细腻。在本任务中，所用面团应具有较好的延展性，因而不需要筋力太大，所以，在面粉的选配上添加了适量的低筋面粉，以降低面团的筋力。

3. 片状黄油

片状黄油又称起酥油，延展性较好，熔点范围（34～38 ℃）更适合制作丹麦面包。

4. 鸡蛋

用鸡蛋打出的蛋液和水一样，都属于湿性原料。虽然蛋液中含有大量的水，但还有其他营养成分，营养非常丰富。鸡蛋能改善丹麦面包产品的色泽、香味和口感。

5. 盐

盐的主要作用有两点，一是抑制酵母醒发，二是扩展面筋。

6. 牛奶

在制作西点时,常用牛奶代替部分水,以提高成品的营养价值和品质。

7. 酵母

酵母是酵母菌的简称。酵母菌是一种真菌,酿酒、制酱、发面等都是利用酵母菌引起的变化,即将糖发酵成酒精和二氧化碳。添加酵母的烘焙食品往往具有松软的口感。制作丹麦面包皮时通常选用活性干酵母。

(四)丹麦面包皮制作的常见问题、主要原因及处理方法(见表2-2)

表2-2 丹麦面包皮制作的常见问题、主要原因及处理方法

常见问题	主要原因	处理方法
搅拌后面团易回弹	搅拌不充分,面团筋力偏大,回弹性增大	通常将面团搅打至八九成筋力即可
在包油过程中,面坯断层或出油	未保持面团、片状黄油硬度一致	应保持面团、片状黄油硬度一致
在包油过程中,擀压后面坯有圆边	擀压前未在面坯两侧割出小口	按规范步骤操作,擀压前应将面坯两侧割出小口,让面坯内部的压力从小口释放
在包油过程中,面坯某些部位无黄油	擀压前未在面坯两侧割出小口,片状黄油无法融入面团	擀压前应将面坯两侧割开,让片状黄油充分融入面团
未进一步加工时,面包皮易变软	按需分割时速度太慢,或者室内温度偏高	应快速将面包皮分割好,并放入冰箱冷冻保存

任务二 羊角丹麦面包制作

在维也纳战役中,当地早起的面包师傅们发现了偷袭的敌军,于是他们拉响了全城警报,使敌方的偷袭以失败而告终。为了纪念胜利,面包师傅们把面包做成了号角的形状,并称之为羊角面包。后来,羊角面包被传入法国,并在欧洲各国逐渐流行起来。现在,羊角面包仍是法国人的一种传统早点。

一、学习目标

（一）知识目标

了解蛋奶液的作用。

（二）技能目标

学会制作羊角丹麦面包的工艺流程。

能够发现和分析羊角丹麦面包制作的常见问题，并掌握处理方法。

二、设备和工具准备

设备：冰箱、开酥机、醒发箱、烤箱。

工具：电子秤、烤盘、直尺、牛角刀、擀面棍、毛刷、手动打蛋器、不锈钢碗、一次性手套、耐热手套等。

三、羊角丹麦面包配方（见表 2-3）

表 2-3　羊角丹麦面包配方

项目	原料	质量 /g	烘焙百分比
面包面团	高筋面粉	400	35.09%
	片状黄油	250	21.93%
	冰水	150	13.16%
	低筋面粉	100	8.77%
	鸡蛋	75	6.58%
	白砂糖	60	5.26%
	淡奶油	50	4.38%
	黄油	40	3.51%
	盐	10	0.88%
	酵母	5	0.44%
	合计	1 140	100.00%
装饰料	蛋液	少许	—
	淡奶油/牛奶	少许	—

规格:羊角丹麦面包皮呈等腰三角形,底边约为 10 cm、腰约为 30 cm,每个重约 75 g。

数量:本配方可制成羊角丹麦面包成品约 15 个。

四、工艺流程

擀压(直接使用制好的丹麦面包皮)→成形→醒发→烘烤、冷却。

五、制作

(一)制作步骤

1. 擀压

步骤

戴好一次性手套,将制好的丹麦面包皮从冰箱中取出,用开酥机压至 1 cm 厚。

2. 成形

步骤 1

将压薄的丹麦面包皮用牛角刀裁成底边长 10 cm、腰长 30 cm 的等腰三角形 15 个。

步骤 2

将裁好的丹麦面包皮用擀面棍擀薄拉长,从短边处轻轻卷起,卷至尖端,轻压接口,羊角丹麦面包坯即成形。

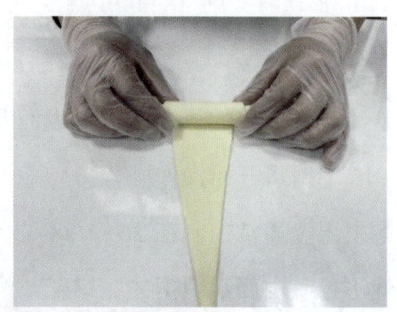

3. 醒发

步骤

待多个羊角丹麦面包坯全部制作完成后,将其摆在烤盘上,放入醒发箱醒发,醒发温度为27 ℃,醒发湿度为70%。

4. 烘烤、冷却

步骤1

调制蛋奶液,在完成醒发的羊角丹麦面包坯表面刷上蛋奶液,烤箱预热至上火180 ℃、下火170 ℃,烘烤19 min左右。

步骤2

戴上耐热手套,取出烤盘和羊角丹麦面包成品,轻震排气,趁热在其表面再刷一层蛋奶液,以保持表面的光泽度。

(二)注意事项

1. 从冰箱中取出的丹麦面包皮表面温度在0 ℃左右,应放置片刻待其回温,当其温度在12～15 ℃时可开始操作。

2. 醒发温度通常控制在26～28 ℃,不宜过高,否则油脂融化后面包坯出油,烘烤后成品弹性不足、内部组织不佳、口感差。

3. 在卷制羊角丹麦面包坯时不要卷得太紧,最后收口处宜留有一指宽的空隙,以留出充足的醒发空间。

4.在烤盘中摆放羊角丹麦面包坯时要留有一定间隔，防止醒发后彼此粘连。

六、相关知识

（一）羊角丹麦面包坯制作设备相关知识

本任务使用的烤箱、醒发箱分别如图2-4、图2-5所示。它们是制作面包的常用设备，使用后应断电清洁。

图2-4　烤箱

图2-5　醒发箱

（二）羊角丹麦面包坯制作工具相关知识

1. 烤盘和耐热手套

本任务使用的烤盘、耐热手套分别如图 2-6、图 2-7 所示。从烤箱中取出烤盘时，务必佩戴耐热手套，若耐热手套有破损处，为避免烫伤应及时更换。

图 2-6　烤盘

图 2-7　耐热手套

2. 牛角刀

牛角刀（见图 2-8）是一种常见的西式厨具刀，其刀身形似牛角，因此而得名。

3. 毛刷

毛刷（见图 2-9）是西式面点制作中常用的工具之一。毛刷的毛有多种材质的，如硅胶、羊毛、猪毛等。其中，羊毛材质的毛刷最柔软，用其在面包表面刷出的蛋液细腻且没有刷痕。

图 2-8　牛角刀

图 2-9　毛刷

（三）羊角丹麦面包原料相关知识

蛋奶液是用来刷在面包表面的一种混合液体，它是根据产品外观光泽度要求而调制出来的。因为直接刷蛋液上色较重，所以会在蛋液中加入适量的牛奶或淡奶油，用手动打蛋器将二者搅打均匀后再上色，能达到较好的上色效果。

（四）羊角丹麦面包成品质量标准

1. 成品内外均熟透，表面呈金黄色。
2. 成品大小一致，层次清晰。
3. 成品口感酥软，质地松软。
4. 成品卫生情况良好，无煳底现象。

（五）羊角丹麦面包制作的常见问题、主要原因及处理方法（见表2-4）

表2-4　羊角丹麦面包制作的常见问题、主要原因及处理方法

常见问题	主要原因	处理方法
接口爆裂	卷制时卷得太紧	卷制时应在接口处留有空隙，以留出充足的醒发空间
外形不够立体	制作过程中面包皮升温过快而出油	如果制作时间较长、制作速度较慢，可以将分割好的三角形面包皮放入冰箱冷藏，用多少取多少
烘烤后成品塌陷，不够饱满	卷制时卷得太紧，或将成品从烤箱中取出后未轻震排气	卷制时应顺着面包皮轻轻卷起；将成品从烤箱中取出后一定要轻震烤盘，将成品内的气体排出

任务三　丹麦手撕面包制作

一、学习目标

（一）知识目标

了解面包光亮剂的作用和特点。

（二）技能目标

学会制作丹麦手撕面包的工艺流程。

能够发现和分析丹麦手撕面包制作的常见问题，并掌握处理方法。

二、设备和工具准备

设备：冰箱、开酥机、醒发箱、烤箱。

工具：电子秤、牛角刀、6英寸圆形模具（直径约为15.2 cm）、毛刷、直尺、手动打蛋器、不锈钢碗、耐热手套、一次性手套等。

三、丹麦手撕面包配方（见表2-5）

表2-5 丹麦手撕面包配方

项目	原料	质量/g	烘焙百分比
面包面团	高筋面粉	800	35.09%
	片状黄油	500	21.93%
	冰水	300	13.16%
	低筋面粉	200	8.77%
	鸡蛋	150	6.58%
	白砂糖	120	5.26%
	淡奶油	100	4.38%
	黄油	80	3.51%
	盐	20	0.88%
	酵母	10	0.44%
	合计	2 280	100.00%
装饰料	蛋液	少许	—
	淡奶油/牛奶	少许	—
	面包光亮剂	少许	—

规格：每个丹麦手撕面包坯重约300 g。

数量：本配方可制成丹麦手撕面包成品约7个。

四、工艺流程

擀压（直接使用制好的丹麦面包皮）→装模成型→醒发→烘烤、冷却、脱模。

项目二 面包制作

五、制作

(一)制作步骤

1. 擀压

步骤

戴好一次性手套,将制好的丹麦面包皮从冰箱中取出,用开酥机压至1.5 cm厚。

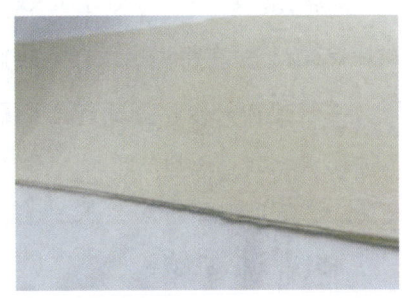

2. 装模成型

步骤1

将压薄的丹麦面包皮用牛角刀裁成长40 cm、宽3.5 cm的长条块,约7块,将长条块两端向内折叠,在中间留空。

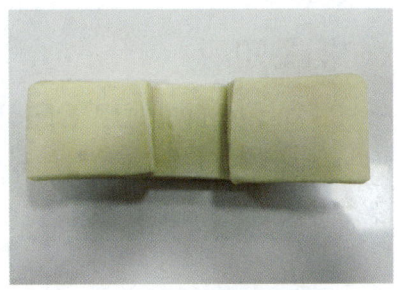

步骤2

将折好的面包皮放入6英寸圆形模具中,在其周围留有空隙便于后续醒发,制成丹麦手撕面包坯。

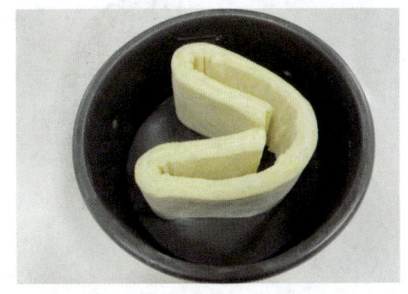

3. 醒发

步骤

在温度为29 ℃、湿度为75%的条件下用醒发箱对丹麦手撕面包坯进行醒发;调制蛋奶液,在醒发好的丹麦手撕面包坯表面刷一层蛋奶液。

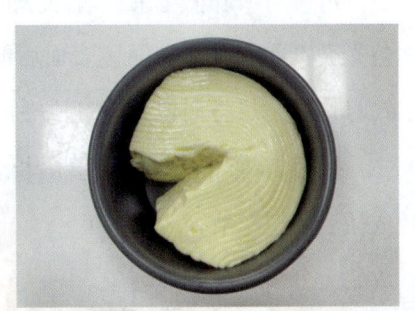

4. 烘烤、冷却、脱模

> **步骤**
>
> 烤箱预热至上、下火均为 165 ℃，烘烤 23 min；在将模具取出后轻震几下，并趁热在丹麦手撕面包表面刷少许面包光亮剂，冷却后脱模。

（二）制作注意事项

将丹麦手撕面包坯放入模具时要在周围留有空隙，否则面包坯醒发后会向上凸起，影响成品的美观性。

六、相关知识

（一）丹麦手撕面包使用工具相关知识

6 英寸圆形模具（见图 2-10）是制作丹麦手撕面包常用的醒发、烘烤模具，也可以用一次性纸质模具（见图 2-11）。

图 2-10　6 英寸圆形模具　　　　图 2-11　一次性纸质模具

（二）丹麦手撕面包原料相关知识

面包光亮剂是一种刷在面包表面后能提高其光泽度的膏状物，它是无色透明的。在面包刚出炉时，要趁热将面包光亮剂刷在面包表面。

（三）丹麦手撕面包成品质量标准

1. 成品表面层次清晰。
2. 成品无分离、空心等现象。

3. 成品无发黏、底部湿软等现象。

4. 成品整体呈金黄色，光泽度较高。

（四）丹麦手撕面包制作的常见问题、主要原因及处理方法（见表 2-6）

表 2-6　丹麦手撕面包制作的常见的问题、主要原因及处理方法

常见问题	主要原因	处理方法
面包坯表面发黏	醒发时湿度太高	适当地调节醒发箱湿度
成品内部烘烤不充分、不起酥	烘烤温度偏低，或使用层炉烘烤	适当地调节烤箱温度；建议使用热风炉烘烤，因为它采用热风循环的方式，能使成品颜色更均匀、酥脆度更好、体积更大

任务四　三角丹麦比萨制作

传统的丹麦比萨是纯手工制作的，比萨饼口感香酥、质地有层次，搭配蔬菜和肉类，更有营养。

一、学习目标

（一）知识目标

了解三角丹麦比萨原料的特点。

（二）技能目标

学会制作三角丹麦比萨的工艺流程。

能够发现和分析三角丹麦比萨制作的常见问题，并掌握处理方法。

二、设备和工具准备

设备：冰箱、开酥机、烤箱。

工具：电子秤、烤盘、牛角刀、耐热手套、直尺、裱花袋、一次性手套等。

三、三角丹麦比萨配方（见表 2-7）

表 2-7　三角丹麦比萨配方

项目	原料	质量/g	烘焙百分比
面包面团	高筋面粉	400	35.24%
	片状黄油	250	22.03%

续表

项目	原料	质量 /g	烘焙百分比
面包面团	冰水	150	13.22%
	低筋面粉	100	8.81%
	鸡蛋	75	6.61%
	白砂糖	60	5.29%
	淡奶油	50	4.40%
	黄油	40	3.52%
	盐	10	0.88%
	合计	1 135	100.00%
装饰料	马苏里拉奶酪碎	150	34.88%
	番茄酱	100	23.26%
	耐烘烤沙拉酱	100	23.26%
	火腿片	80	18.60%
	合计	430	100.00%

规格：三角丹麦比萨饼呈等腰三角形，底边约为 10 cm、腰约为 20 cm，每个重约 60 g。

数量：本配方可制成三角丹麦比萨成品约 18 个。

四、工艺流程

擀压（直接使用制好的丹麦面包皮）→成形、醒发→装饰→烘烤、冷却。

五、制作

（一）制作步骤

1. 擀压

步骤

戴好一次性手套，将制好的丹麦面包皮从冰箱中取出，用开酥机压至 0.5 cm 厚。

2. 成形、醒发

步骤

将压薄的丹麦面包皮用牛角刀裁成底边长 10 cm、腰长 20 cm 的等腰三角形 18 个，摆入烤盘，在室温（26～28 ℃）下醒发 30 min。

3. 装饰

步骤 1

在等腰三角形面包皮表面均匀地裱挤适量番茄酱。

步骤 2

铺上火腿片。

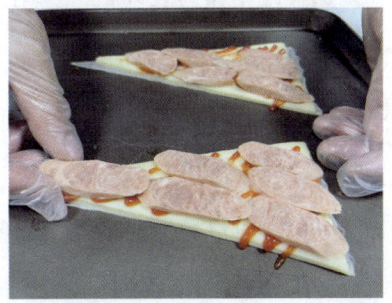

步骤 3

裱挤适量耐烘烤沙拉酱。

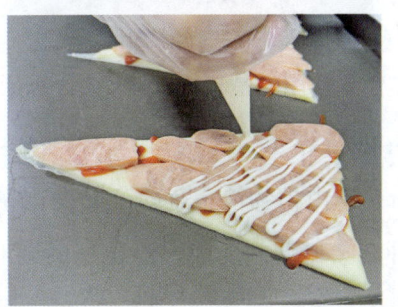

> **步骤 4**
>
> 撒上马苏里拉奶酪碎，制成三角丹麦比萨坯。

4. 烘烤、冷却

> **步骤**
>
> 烤箱预热至 170 ℃，将三角丹麦比萨坯烘烤 18 min，待其呈金黄色时取出冷却。

（二）制作注意事项

1. 要避免选用含水率太高的装饰料。
2. 如果选择蔬菜作为装饰料，应用低浓度的盐水将蔬菜焯水再沥干后使用。

六、相关知识

（一）三角丹麦比萨原料相关知识

1. 番茄酱

番茄酱是一种鲜红色、具有番茄口味的酱状浓缩制品。它以成熟的番茄为原料，经破碎、打浆、去皮和籽、浓缩、罐装、杀菌等工序制成。

2. 火腿

本任务使用的是猪肉火腿，其色泽红润、香味浓郁、咸鲜适口。

3. 沙拉酱

沙拉酱由植物油（有的产品使用橄榄油，有的产品使用大豆油）、蛋黄、酿造醋以及各种调味料调制而成。沙拉酱的调制利用了油类与蛋黄充分搅拌后发生乳化作用的原理。

4. 奶酪

本任务使用的奶酪品种是马苏里拉奶酪。它加热时会拉丝，多用于制作吐司、比萨、焗饭等食物。

三角丹麦比萨的装饰料可以根据实际情况搭配，可选用培根、牛肉丸、鸡胸肉等。

（二）三角丹麦比萨成品质量标准

1. 比萨饼层次清晰，口感酥脆。

2. 成品表面的装饰料体态饱满。

3. 成品呈标准的等腰三角形，无变形、食材滑落等现象。

4. 成品底部干燥，无多余的汁水渗出。

（三）三角丹麦比萨制作的常见问题、主要原因及处理方法（见表2-8）

表2-8　三角丹麦比萨制作的常见问题、主要原因及处理方法

常见问题	主要原因	处理方法
进行成形操作时面包皮出油	手温或室温过高	在将面包皮裁切完成后，可以将其放入冰箱冷藏，用多少取多少
比萨饼底部不够酥脆	酱料使用过多	减少酱料用量
成品底部变形	装饰料过多压住比萨饼，导致其无法正常地膨胀	适量使用装饰料
成品内部组织有"死面"	在进行成形操作时，手粉太多	避免手粉过多

任务五　丹麦雪山面包制作

一、学习目标

（一）知识目标

了解丹麦雪山面包模具的特点。

（二）技能目标

学会制作丹麦雪山面包的工艺流程。

能够发现和分析丹麦雪山面包制作的常见问题，并掌握处理方法。

二、设备和工具准备

设备：冰箱、开酥机、醒发箱、烤箱。

工具：电子秤、牛角刀、直尺、耐热手套、活动菊花形模具、毛刷、网筛、手动打蛋器、不锈钢碗等。

三、丹麦雪山面包配方（见表2-9）

表2-9　丹麦雪山面包配方

项目	原料	质量/g	烘焙百分比
面包面团	高筋面粉	800	35.09%
	片状黄油	500	21.93%
	冰水	300	13.16%
	低筋面粉	200	8.77%
	鸡蛋	150	6.58%
	白砂糖	120	5.26%
	淡奶油	100	4.38%
	黄油	80	3.51%
	盐	20	0.88%
	酵母	10	0.44%
	合计	2 280	100.00%
装饰料	蛋液	少许	—
	淡奶油/牛奶	少许	—
	防潮糖粉	少许	—

规格：丹麦雪山面包皮宽度约为4 cm，每个重量在240～250 g。

数量：本配方可制成丹麦雪山面包成品约9个。

四、工艺流程

擀压（直接使用制好的丹麦面包皮）→成形→醒发→烘烤→冷却。

项目二 面包制作

五、制作

（一）制作步骤

1. 擀压

步骤

将制好的丹麦面包皮从冰箱中取出，用开酥机压至1 cm厚。

2. 成形

步骤1

借助直尺，按照长40 cm、宽4 cm的规格用牛角刀裁切面包皮。

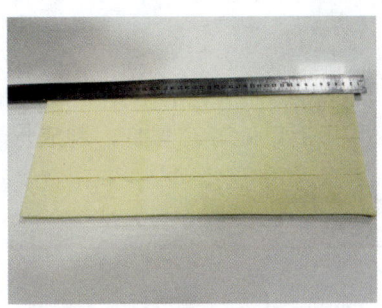

步骤2

将裁好的长方形面包皮用电子秤称重，每条重240～250 g即可。

步骤3

取一条长方形面包皮，用牛角刀切出两条长刀口，将其宽度平均分成三等份，但两端不要切断，并按照箭头方向将面包皮略翻转。

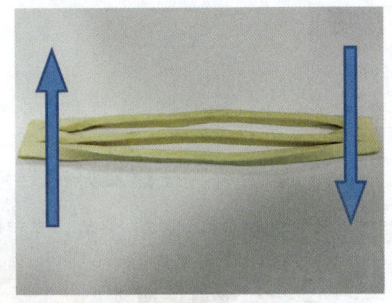

步骤 4

用手按住面包皮两端,向反方向搓起。

步骤 5

将面包皮右端用手压扁,用左手拎起面包皮左端逆时针绕起。

步骤 6

将接口处轻轻捏合,制成丹麦雪山面包坯。

3. 醒发

步骤

将丹麦雪山面包坯放入活动菊花形模具,设置醒发箱温度为 30 ℃、湿度为 70%,进行醒发。

4. 烘烤

步骤

调制蛋奶液,在醒发好的丹麦雪山面包坯表面刷一层蛋奶液,预热烤箱至 170 ℃,烘烤 23 min。

5. 冷却

步骤

戴上耐热手套取出模具，轻震几下，在丹麦雪山面包表面筛适量防潮糖粉，冷却后脱模。

（二）制作注意事项

1. 在搓制成形时不要破坏开酥层次，即避免手温过高。
2. 在绕制成形时不要将面包皮卷得太紧，否则烘烤时容易侧爆。

六、相关知识

（一）丹麦雪山面包制作工具相关知识

本任务使用的是活动菊花形模具（见图2-12），它由不锈钢制成，具有保存和使用方便、容易清洗、不易生锈的特点。

图 2-12　活动菊花形模具

（二）丹麦雪山面包成品质量标准

1. 成品表面纹路密而薄，无死面段。
2. 成品层次向上且整体挺拔。
3. 成品组织紧密、无空洞。
4. 成品卫生情况良好。

（三）丹麦雪山面包制作的常见问题、主要原因及处理方法（见表2-10）

表2-10　丹麦雪山面包制作的常见问题、主要原因及处理方法

常见问题	主要原因	处理方法
成品内部有空洞	烘烤不充分	延长烘烤时间或调整烘烤温度
成品层次不好	在搓制成形时，面包皮温度升高	搓制动作应快速、利索，避免面包皮在手中停留太长时间，不可以一直搓
烘烤时油脂大量流出，无法起酥	烤箱未预热，将面包坯放入烤箱后，低温导致其中的油脂流出	烘烤前烤箱要充分预热

项目三 装饰蛋糕制作

装饰蛋糕又称艺术蛋糕，是指使用蛋糕坯、淡奶油、巧克力、杏仁团糖膏、水果等原料，结合美学设计方法制作的富有美感的蛋糕。

装饰蛋糕制作的任务包括：巧克力淋面蛋糕卷制作、水果装饰蛋糕制作、杏仁团糖膏蛋糕制作、舒芙蕾蛋糕制作。

任务一　巧克力淋面蛋糕卷制作

巧克力淋面蛋糕卷是一种以巧克力为主料的蛋糕，其糕体绵软，馅料丝滑，皮脆里糯，口味香甜，营养丰富。巧克力淋面蛋糕卷制作步骤复杂，制作周期较长，一般用于庆祝生日和婚礼。

制作巧克力淋面蛋糕卷一般使用黑巧克力。随着现代食品科技的发展，人们利用高分子加工技术生产出五颜六色的彩色巧克力，如红色的草莓味巧克力、紫色的蓝莓味巧克力、橙色的香橙味巧克力、黄色的柠檬味巧克力等。用这些彩色巧克力制作巧克力淋面蛋糕卷，可提升美观性，丰富口味。本任务只使用了黑巧克力，读者可举一反三。

一、学习目标

（一）知识目标

了解巧克力淋面蛋糕卷原料的营养特点。

掌握巧克力融化锅的安全使用方法。

（二）技能目标

学会制作巧克力淋面蛋糕卷的工艺流程。

能够发现和分析巧克力淋面蛋糕卷制作的常见问题，并掌握处理方法。

二、设备和工具准备

设备：烤箱、冷藏冰箱、巧克力融化锅。

工具：电子秤、不锈钢盆、不锈钢碗、手动打蛋器、电动打蛋器、软质刮刀、烤盘（正方形、长方形各一个）、烘焙纸、冷却烤盘晾网架、网筛、喷壶、直尺、锯齿刀等。

三、巧克力淋面蛋糕卷配方（见表 3-1）

表 3-1 巧克力淋面蛋糕卷配方

项目	原料	质量 /g	烘焙百分比
可可酱	黑巧克力	40	44.45%
	可可粉	30	33.33%
	热水	20	22.22%
	合计	90	100.00%
蛋糕面糊	鸡蛋	200	32.89%
	牛奶	128	21.05%
	白砂糖	112	18.42%
	色拉油	80	13.16%
	低筋面粉	80	13.16%
	柠檬汁	4	0.66%
	盐	2	0.33%
	泡打粉	2	0.33%
	合计	608	100.00%
馅料	淡奶油	200	75.47%
	可可酱	45	16.98%

续表

项目	原料	质量/g	烘焙百分比
馅料	白砂糖	20	7.55%
	合计	265	100.00%
淋面酱	黑巧克力	150	83.33%
	榛子碎	30	16.67%
	合计	180	100.00%

规格:巧克力淋面蛋糕卷成品直径约为 10 cm,厚度约为 2.8 cm。

数量:本配方可制成巧克力淋面蛋糕卷成品 10 块。

四、工艺流程

可可酱调制→蛋糕面糊调制→入模成型→烘烤→馅料调制→夹馅、卷制、定型→淋面→切分。

五、制作

(一)制作步骤

1. 可可酱调制

步骤

将可可粉加热水在不锈钢碗中用手动打蛋器搅拌均匀,加入融化的黑巧克力调成可可酱备用。

2. 蛋糕面糊调制

步骤1

将牛奶加色拉油在不锈钢盆中用手动打蛋器搅拌均匀。

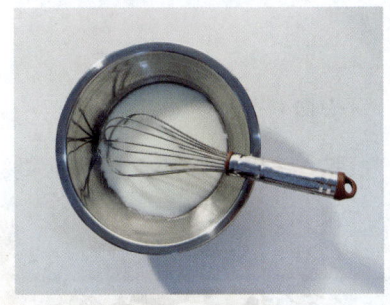

步骤 2

在上一步混合液中用网筛筛入低筋面粉、泡打粉,用手动打蛋器搅拌均匀。

步骤 3

将蛋白(放入另一个不锈钢盆中备用)和蛋黄分离,在面糊中分次加入蛋黄,用手动打蛋器搅拌均匀。

步骤 4

加入 1/2 调好的可可酱,用手动打蛋器搅拌均匀,制成可可面糊。

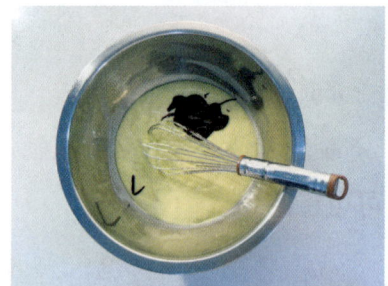

步骤 5

在蛋白中加柠檬汁、白砂糖、盐,用电动打蛋器搅打至中性发泡(呈公鸡尾状),制成蛋白霜。

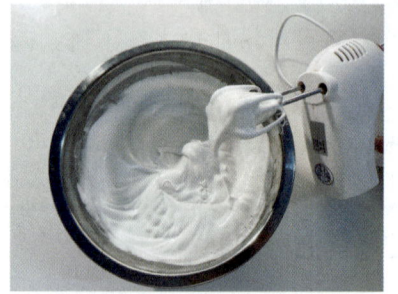

步骤 6

取 1/3 蛋白霜加入可可面糊,用软质刮刀翻拌均匀。

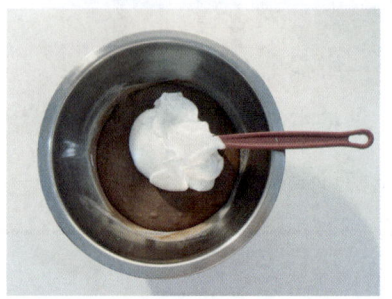

项目三 装饰蛋糕制作

步骤 7

将拌匀的可可面糊倒入剩余的 2/3 蛋白霜内翻拌均匀,制成蛋糕面糊。

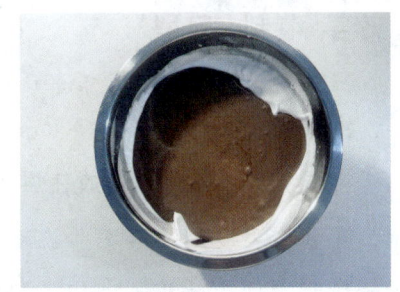

3. 入模成型

步骤

将蛋糕面糊倒入长度为 28 cm 的正方形烤盘,轻震排气。

4. 烘烤

步骤

烤箱预热至上、下火均为 170 ℃,将蛋糕面糊烘烤 20 min,取出冷却备用。

5. 馅料调制

步骤

取一个干净的不锈钢盆,将淡奶油加白砂糖用电动打蛋器打发,在打发好的淡奶油中加入剩余的 1/2 巧克力酱,用软质刮刀充分搅拌均匀,制成巧克力奶油馅料。

6. 夹馅、卷制、定型

步骤 1

将蛋糕与烤盘分离后放在烘焙纸上，在蛋糕表皮用喷壶喷少许冷水，用软质刮刀抹适量巧克力奶油馅料，应在中间位置多抹一些。

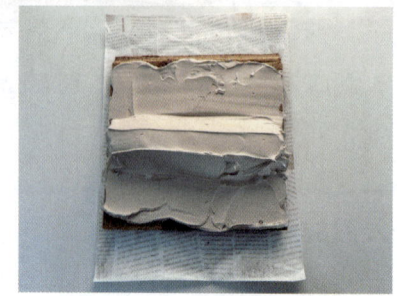

步骤 2

将蛋糕用烘焙纸卷起后放入冷藏冰箱定型10 min。

7. 淋面

步骤 1

将黑巧克力放入巧克力融化锅中融化，在干净的不锈钢碗中倒入融化的黑巧克力，加入榛子碎用软质刮刀拌匀，制成巧克力淋面酱。

步骤 2

从冷藏冰箱中取出定型的蛋糕卷，放置在冷却烤盘晾网架上，在冷却烤盘晾网架下方垫一个烤盘，将巧克力淋面酱淋在蛋糕卷表面，再冷藏20 min。

8. 切分

步骤

从冷藏冰箱中取出淋面酱已凝固的蛋糕卷，用锯齿刀均匀地切分成 10 块，每块厚度为 2.8 cm。

（二）制作注意事项

1. 蛋糕面糊调制注意事项

（1）应选用小颗粒的糖制品，如白砂糖，因为它容易搅打，融化速度较快。

（2）在混合液中加入低筋面粉后慢速搅拌均匀即可，不需要搅拌太久，以防面粉生筋。

（3）在正方形烤盘中倒入七成满的蛋糕面糊即可，不可倒入过多，避免烘烤时溢出影响成品质量。

2. 馅料调制注意事项

电动打蛋器应设定较高的速度，以将淡奶油充分打发，这样淡奶油才能充入大量空气，馅料才具有较强的可塑性。

3. 淋面注意事项

在融化黑巧克力时，适宜温度是 58 ℃左右，同时应避免混入水分，以防黑巧克力出现返砂现象。

六、相关知识

（一）巧克力淋面蛋糕卷制作设备相关知识

1. 冷藏冰箱

本任务使用的冷藏冰箱如图 3-1 所示，它没有冷冻室，结构很简单。用冷藏冰箱冷藏西点半成品非常方便，使用时应注意避免食品之间串味。

2. 巧克力融化锅

巧克力融化锅是一种隔水加热设备，它由水槽、加热管、温控调节器等组成，能方便、快捷地融化巧克力。巧克力融化锅分为单槽、双槽的，本任务使用的是双槽巧克力融化锅（见图 3-2）。

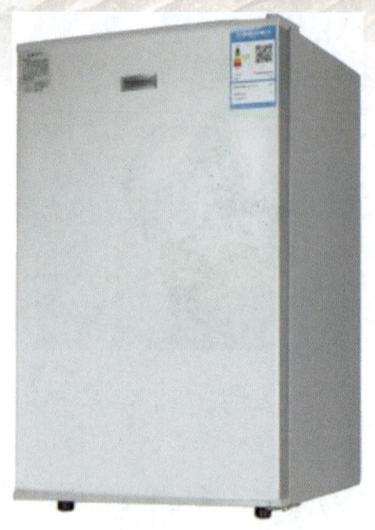
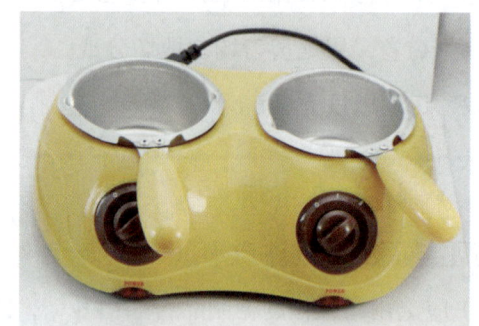

图 3-1　冷藏冰箱　　　　图 3-2　双槽巧克力融化锅

（二）巧克力淋面蛋糕卷制作工具相关知识

1. 电动打蛋器

本任务使用的电动打蛋器如图 3-3 所示。它有低速挡、中速挡、高速挡 3 个挡位，搅打原料时应按需选用。注意，使用前后应将电动打蛋器配的打蛋网或搅拌钩清洗干净。

2. 冷却烤盘晾网架

冷却烤盘晾网架（见图 3-4）多用于烘烤成品的冷却和产品淋面后的静置。

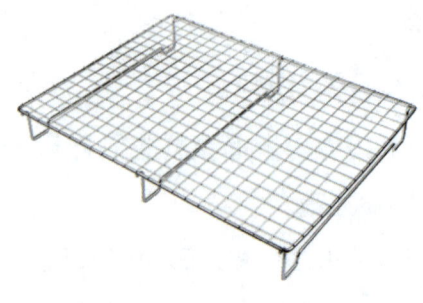

图 3-3　电动打蛋器　　　　图 3-4　冷却烤盘晾网架

3. 网筛

本任务使用的网筛如图 3-5 所示。网筛通常用来筛粉状原料，使其更加细腻，同时去除杂质。

项目三　装饰蛋糕制作

图 3-5　网筛

4. 软质刮刀

软质刮刀（见图 3-6）具有硅胶材质的头部，操作灵活，可用于混合、拌匀各种原料。使用软质刮刀的常用手法有翻拌、切拌，这类手法是无法用筷子和打蛋器实现的。软质刮刀的一个重要作用是可以轻易地刮干净附着在容器壁上的黏稠物，如面糊、蛋白霜、奶油霜等，因而使用软质刮刀不会改变各种原料的配比。

图 3-6　软质刮刀

（三）巧克力淋面蛋糕卷原料相关知识

1. 色拉油

制作蛋糕时常用色拉油，其口味较清爽。也可以选用其他植物油，建议使用香味较淡的品种，如葡萄籽油、芥花籽油、橄榄油等。

2. 泡打粉

制作蛋糕时经常使用泡打粉，一般是直接将适量的泡打粉和面粉混合并搅拌均匀，再加入蛋黄，这样在其接触湿性原料时会出现第一次产气。之后在烘烤过程中，随着温度的升高，泡打粉还会出现第二次产气，从而使成品质地达到松软的效果。

（四）巧克力淋面蛋糕卷成品质量标准

1. 成品形状整齐、大小一致、薄厚均匀。
2. 成品表面有细密的榛子碎，无崩顶现象。
3. 成品质地柔软、富有弹性，无空洞，无硬块。
4. 成品切分处完好，无破碎现象，切面呈细密的蜂窝状。
5. 成品巧克力味醇正、蛋香味浓郁，口感松软香甜、不黏牙。

（五）巧克力淋面蛋糕卷制作的常见问题、主要原因及处理方法（见表3-2）

表3-2　巧克力淋面蛋糕卷制作的常见问题、主要原因及处理方法

常见问题	主要原因	处理方法
蛋糕卷开裂	蛋白霜打发过头，蛋糕过于膨胀，在卷蛋糕时发生开裂	应将蛋白打发至中性发泡，不能打发过头
	在夹馅之前没有在蛋糕表皮喷水	喷水能起到软化表皮的作用，可以使用出水细腻（水喷出来呈水雾状）的喷壶均匀地在蛋糕表皮喷水
	切分时蛋糕卷开裂，是因为没有用烘焙纸包裹或定型时冷藏时间不够	卷蛋糕时应用烘焙纸包裹并及时冷藏定型，通常应冷藏足够时间后再淋面、切片，若蛋糕定型效果较好，在切分时才不容易开裂
蛋糕卷表面有气泡	局部蛋白霜含量太高，蛋糕面糊没有翻拌均匀；或下火温度较高	应采用正确的翻拌手法；或将下火温度调低10℃左右
蛋糕卷表面粘连	烘烤时间不足，蛋糕未烤熟	正确设置烘烤时间，按需用牙签检查蛋糕是否烤熟，若未烤熟则需要继续烘烤
	烘焙纸包裹时间过长	在将蛋糕卷好后，外面的烘焙纸不要包裹太长时间，只要定型了就可以撤下

任务二　水果装饰蛋糕制作

早期的水果装饰蛋糕是用蜜饯混合面粉制作的，多用于祭祀。在18世纪以后，蛋糕制作技术不断革新，具有海绵质感的蛋糕出现了，它的出现使水果装饰蛋糕的品种发生了

变化。现在的水果装饰蛋糕是以淡奶油、水果装饰为主的装饰蛋糕,其糕体绵软,色彩鲜艳,口感清爽。鲜果、干果、蜜饯都是水果装饰蛋糕的重要原料。水果装饰蛋糕的口味因所用原料不同而变化,可满足不同人群的口味需求。

本任务以香橙蛋糕为例,介绍其制作方法。

一、学习目标

(一)知识目标

了解水果装饰蛋糕原料的营养特点。

(二)技能目标

学会制作水果装饰蛋糕的工艺流程。

能够发现和分析水果装饰蛋糕制作的常见问题,并掌握处理方法。

二、设备和工具准备

设备:烤箱、电磁炉。

工具:电子秤、不锈钢盆、不锈钢碗、不锈钢搅拌勺、手动打蛋器、电动打蛋器、奶锅、软质刮刀、6英寸活底蛋糕模、耐热手套、切片刀、刨刀、冷却烤盘晾网架、网筛等。

三、水果装饰蛋糕配方(以香橙蛋糕为例,见表3-3)

表3-3 水果装饰蛋糕配方

原料	质量/g	烘焙百分比	备注
鸡蛋	300	33.33%	—
水	250	27.78%	—
低筋面粉	150	16.67%	—
白砂糖	80	8.89%	—
香橙	60	6.67%	2个
色拉油	50	5.55%	—
乳化剂	10	1.11%	—
合计	900	100.00%	—

规格:水果装饰蛋糕直径为6英寸,高度约为7.5 cm。

数量:本配方可制成水果装饰蛋糕成品1个。

四、工艺流程

果干制作→面糊调制→入模成型→烘烤、冷却、脱模。

五、制作

（一）制作步骤

1. 果干制作

步骤1

取一个香橙洗净，用切片刀切去两端，将中间部分切分成6片。

步骤2

在奶锅中放入6片香橙片，加入250 g水和35 g白砂糖，中火煮5 min，用不锈钢搅拌勺捞出晾干水分备用。

2. 面糊调制

步骤1

取另一个香橙洗净，对半切开，用手在不锈钢碗中挤适量橙汁。

步骤2

用刨刀从橙皮上刨出橙皮碎，装入另一个不锈钢碗。

项目三 装饰蛋糕制作

步骤 3

将色拉油、橙汁、乳化剂在不锈钢盆中混合,用手动打蛋器搅拌至乳化,再加入橙皮碎搅拌均匀。

步骤 4

筛入低筋面粉,用手动打蛋器慢速搅拌均匀,制成面糊。

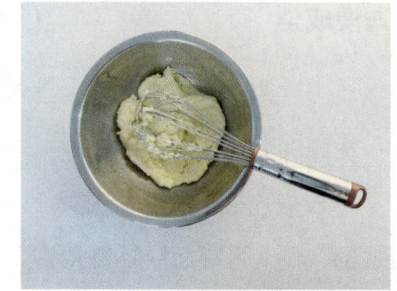

步骤 5

将蛋白(放入另一个不锈钢盆中备用)和蛋黄分离,在面糊中加入蛋黄,用软质刮刀翻拌均匀,制成蛋黄糊。

步骤 6

在蛋白中加入 45 g 白砂糖,用电动打蛋器搅打至呈倒钩状,制成蛋白霜。

步骤 7

将 1/3 蛋白霜加入蛋黄糊中,用软质刮刀翻拌均匀。

步骤 8

加入剩余的 2/3 蛋白霜，翻拌均匀，制成蛋糕面糊。

3. 入模成型

步骤

将香橙片摆放在 6 英寸活底蛋糕模底部，倒入蛋糕面糊轻震几下。

4. 烘烤、冷却、脱模

步骤

烤箱预热至上火 200 ℃、下火 160 ℃，烘烤 10 min 后，调为上火 160 ℃、下火 160 ℃，继续烘烤 10～15 min，待蛋糕表面呈金黄色后取出，倒扣冷却，脱模。

（二）制作注意事项

1. 蛋白霜一定要打发至硬性发泡，即提起搅拌器，蛋白霜呈倒钩状。

2. 蛋糕烤好后不要立即脱模，要将其倒扣在冷却烤盘晾网架上，待其冷却后再脱模。冷却烤盘晾网架下方要留有一定空间，这样蛋糕倒扣时容易使热气散走。

3. 建议选择防黏的阳极模，脱模完好率较高。

4. 应准确设置烘烤温度。烘烤温度过高，蛋糕表面着色快、易焦化，内部不熟，中间易塌陷；烘烤温度过低，蛋糕表面着色慢，内部水分蒸发较多，蛋糕萎缩，口感粗糙。

六、相关知识

（一）水果装饰蛋糕原料相关知识

1. 香橙

香橙颜色鲜艳、香甜可口，是制作水果装饰蛋糕常用的水果之一。香橙具有改善蛋糕风味、提升营养价值和美观性的作用。

香橙作为水果类原料常用于制作各种西点，以鲜果、果皮、果脯、果汁等形式备料。

2. 乳化剂

乳化剂的主要作用是乳化，其亲水基与亲油基分别吸附面团内的水及油，从而降低油水两相的界面张力，使面团内原来的多相分散体系变成均质的乳状液，使油分散均匀，防止油渗出。乳化剂还有延缓成品老化、提高成品松软程度的作用。

（二）水果装饰蛋糕产品质量标准

1. 成品顶部和侧面均呈金黄色，底部呈棕红色，整体色彩鲜艳、富有光泽。
2. 成品无焦黑处和斑块。
3. 成品表面和内部无杂质、无糖粒、无粉块。

（三）水果装饰蛋糕制作的常见问题、主要原因及处理方法（见表3-4）

表3-4 水果装饰蛋糕制作的常见问题、主要原因及处理方法

常见问题	主要原因	处理方法
蛋糕膨胀不足，体积不够大	鸡蛋不新鲜	应使用新鲜鸡蛋
	调制蛋糕面糊时搅拌过度，蛋糕面糊稳定性和保气性较差	调制蛋糕面糊时不要长时间搅拌
	搅拌不充分，蛋糕面糊中的空气量不足	应充分搅拌
内部组织粗糙，质地不均匀	搅拌不当，有部分原料未溶解或未拌匀	注意搅拌步骤和搅拌程度，保证搅拌充分
	配方中干性原料太多，水分不足，蛋糕面糊太干	减少配方中干性原料的烘焙百分比，搅拌时注意蛋糕面糊的稠度
	烘烤温度太低，或糖制品的颗粒太粗	调高烘烤温度，或搅拌至糖制品充分溶解

续表

常见问题	主要原因	处理方法
蛋糕塌陷	蛋糕面糊搅拌过度或搅拌不充分	注意搅拌程度，适度搅拌
	烘烤时间过长，内部干燥，水分大量蒸发	烘烤7～10 min后，可以打开炉门轻轻触摸蛋糕表面，如无异响、不塌陷则可以继续烘烤，若发现异常情况应缩短烘烤时间
	烘烤时间不足，内部不熟，水分蒸发量小	通过视窗观察蛋糕，当其膨胀至体积增大1倍时，可以打开烤箱门检查蛋糕内部是否烤熟，若未烤熟可以适当延长烘烤时间

任务三　杏仁团糖膏蛋糕制作

杏仁团糖膏又称风登糖、翻糖，它是一种工艺性很强的艺术食品，以杏仁粉、糖粉等为主要原料，常用作西点的表面装饰料。杏仁团糖膏容易成形，在造型上发挥空间较大。用杏仁团糖膏代替常见的淡奶油或巧克力，覆盖在蛋糕表面，再配以各种糖塑的花朵、动物、人物、建筑物等，这样做出来的蛋糕非常精致、华丽。

一、学习目标

（一）知识目标

了解杏仁团糖膏蛋糕原料的营养特点。

（二）技能目标

学会制作杏仁团糖膏蛋糕的工艺流程。

能够发现和分析杏仁团糖膏蛋糕制作的常见问题，并掌握处理方法。

二、设备和工具准备

设备：烤箱、电磁炉、冷藏冰箱。

工具：电子秤、软质刮刀、电动打蛋器、擀面棍、雕刻刀、直尺、不锈钢盆、不锈钢碗、奶锅、不粘条状蛋糕模具、油纸、保鲜膜、网筛、切片刀、湿毛巾等。

三、杏仁团糖膏蛋糕配方（见表3-5）

表3-5 杏仁团糖膏蛋糕配方

项目	原料名称	质量/g	烘焙百分比	备注
焦糖酱	淡奶油	60	44.44%	—
	细砂糖	50	37.04%	—
	水	25	18.52%	—
	合计	135	100.00%	—
蛋糕面糊	焦糖酱	135	26.47%	—
	低筋面粉	100	19.61%	—
	鸡蛋	100	19.61%	—
	黄油	80	15.69%	—
	细砂糖	60	11.76%	—
	杏仁粉	30	5.88%	—
	泡打粉	3	0.59%	—
	柠檬汁	2	0.39%	—
	合计	510	100.00%	—
杏仁团糖膏	杏仁粉	100	35.7%	—
	糖粉	100	35.7%	—
	玉米糖浆	70	25.0%	—
	朗姆酒	10	3.6%	—
	合计	280	100.0%	—
装饰料	车厘子	45	—	3颗
	防潮糖粉	少许	—	—

规格：杏仁团糖膏蛋糕长度约为15 cm，宽度约为6.5 cm，厚度约为5.5 cm。

数量：本配方可制成杏仁团糖膏蛋糕成品1个。

四、工艺流程

焦糖酱制作→蛋糕面糊调制→模具成型→烘烤、脱模、冷却→杏仁团糖膏制作→组装。

五、制作

（一）制作步骤

1. 焦糖酱制作

步骤 1

将细砂糖和水放入奶锅中加热。

步骤 2

当糖水呈焦糖色时关闭电磁炉。

步骤 3

在糖水中慢速倒入淡奶油（常温的），用软质刮刀迅速搅拌，之后晾凉备用。

2. 蛋糕面糊调制

步骤 1

将黄油装在不锈钢盆中在室温下软化，加入细砂糖，用软质刮刀混合均匀。

项目三　装饰蛋糕制作

步骤 2

用电动打蛋器将黄油和细砂糖打发。

步骤 3

在不锈钢碗中打入鸡蛋液，在上一步混合物中少量多次加入鸡蛋液并打发。

步骤 4

加入柠檬汁、焦糖酱，用软质刮刀拌匀。

步骤 5

加入过筛的杏仁粉，用软质刮刀拌匀。

步骤 6

加入过筛的低筋面粉和泡打粉，用软质刮刀拌匀，制成蛋糕面糊。

3. 模具成型

步骤 1

在不粘条状蛋糕模具内垫好油纸。

步骤 2

将蛋糕面糊倒入不粘条状蛋糕模具，轻震几下。

4. 烘烤、脱模、冷却

步骤

烤箱预热至上、下火均为 180 ℃，烘烤 40 min，将烤好的蛋糕冷却后脱模。

5. 杏仁团糖膏制作

步骤 1

将杏仁粉与糖粉过筛后倒入干净的不锈钢盆中混合。

步骤 2

加入玉米糖浆和朗姆酒，用手揉成表面光滑的杏仁团糖膏，用保鲜膜密封后冷藏 4 h。

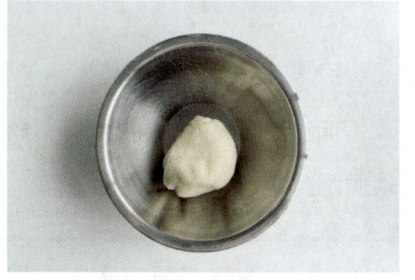

项目三 装饰蛋糕制作

6. 组装

步骤 1

取出冷藏好的杏仁团糖膏,在操作台上铺一张油纸,将杏仁团糖膏放在油纸上,用擀面棍擀成 5 mm 厚的糖皮。

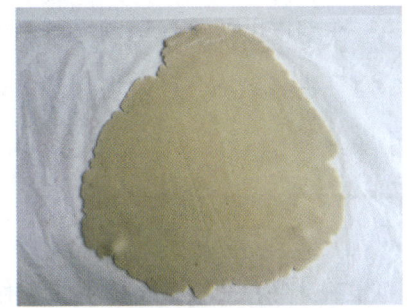

步骤 2

将糖皮用雕刻刀切成足以包裹住蛋糕的长方形。

步骤 3

将长方形糖皮铺在蛋糕上。

步骤 4

用雕刻刀裁掉多余的糖皮。

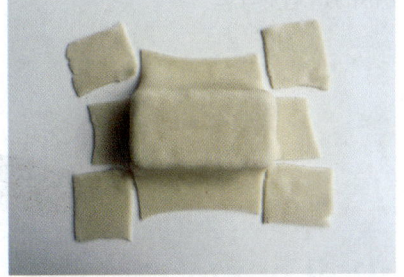

步骤 5

用手轻轻地按压糖皮,使糖皮包裹住蛋糕。

步骤6

在糖皮上筛少许防潮糖粉,摆上车厘子进行装饰,可用切片刀切分成小块。

(二)制作注意事项

1. 糖皮在未干之前是软的,如果制作需要定型的配件,要将具有定型效果的材料支撑在糖皮里,常用的材料有纸、塑料等。

2. 如果需要搓出圆球状糖膏,要将两手掌相对伸平,把糖膏放在两只手的大鱼际处,下方手掌不动,上方手掌做搓圆的动作。不要把糖膏放在掌心处搓,这样很难搓圆,因为掌心处不是平的。

3. 有时需要先画好纸样,照着纸样边缘切糖皮,在切边时要用干净、锋利的刀片,切时刀刃越贴近糖皮越好。每切完一刀都要用湿毛巾擦一下刀片,这样切出的糖皮不会有毛边。最好选用雕刻刀,其刀片较薄且品种多,选择范围较大。

六、相关知识

(一)杏仁团糖膏蛋糕制作工具相关知识

不粘条状蛋糕模具(见图3-7)具有稳定的导热性能,导热快、升温迅速,是蛋糕成型、成熟的适宜模具。

图3-7 不粘条状蛋糕模具

(二)杏仁团糖膏蛋糕制作原料相关知识

1. 车厘子

车厘子又称樱桃,多呈暗红色,也有黄色、大红色、黑色的。新鲜的车厘子颗粒饱满,肉质肥厚,果柄较长,口味甜酸,营养丰富。车厘子含有丰富的花青素、原花青素、叶黄素、玉米黄素等多酚类抗氧化物,且含糖量不高、热量较低,非常有益健康。车厘子是改善西点风味、提高西点营养价值和美观性的高档原料,常用作馅料或装饰料。

2. 杏仁粉

杏仁粉是杏仁去皮后加工制成的粉末。杏仁粉营养价值较高,它含有脂肪、蛋白质、微量元素,以及黄酮类和多酚类物质。

3. 糖粉

糖粉在杏仁团糖膏制作中起到填充作用。

4. 柠檬汁

本任务使用的柠檬汁是用柠檬榨汁获得的,在杏仁团糖膏制作中起到脱色、去腥和增味的作用。柠檬热量较低,富含微量元素和维生素 C。

5. 玉米糖浆

玉米糖浆是玉米淀粉经过多种酶水解制得的以麦芽糖为主的糖浆。它是一种无色、透明、黏稠、口感温和的液体,甜度较低,有麦芽香味。

(三)杏仁团糖膏蛋糕成品质量标准

1. 成品内外熟透,颜色正常,皮软里绵。
2. 成品口味香甜,杏仁香、奶香醇正。
3. 成品外观整齐,造型美观。
4. 成品卫生情况良好。

(四)杏仁团糖膏蛋糕制作的常见问题、主要原因及处理方法(见表3-6)

表3-6 杏仁团糖膏蛋糕制作的常见问题、主要原因及处理方法

常见问题	主要原因	处理方法
糖皮开裂	擀制时动作太慢,导致糖皮发干、变硬、有裂缝	加快擀制速度,如果裂缝较小可翻面使用,如果裂缝较大则需要重新揉搓。总体上要控制制作时间,不要太久
	糖皮擀制得过薄,支撑不住表面装饰料或包裹蛋糕时损坏	在擀制时将糖皮的厚度控制在 5 mm 左右,可使用直尺进行精确测量,另外擀制时动作幅度不要太大

任务四　舒芙蕾蛋糕制作

舒芙蕾蛋糕源自法国,又称蛋奶酥。制作舒芙蕾蛋糕时采用分蛋制糊工艺,先分别制作蛋黄糊和蛋白霜,再将二者混合制成蛋糕面糊。舒芙蕾蛋糕成品质地松软,奶香浓郁,入口即化。

舒芙蕾蛋糕不仅可以用作甜品,还可以用作开胃菜或主菜,如奶酪舒芙蕾、鹅肝酱舒芙蕾等。烤好的舒芙蕾建议趁热食用,否则随着热气散去,它将迅速塌陷,独特的轻盈口感也不复存在。

一、学习目标

(一)知识目标

了解舒芙蕾蛋糕的概念、特点和工艺知识。

(二)技能目标

学会制作舒芙蕾蛋糕的工艺流程。

能够发现和分析舒芙蕾蛋糕制作的常见问题,并掌握处理方法。

二、设备和工具准备

设备:烤箱、电磁炉。

工具:电子秤、奶锅、不锈钢盆、不锈钢碗、6英寸活底蛋糕模、烤盘、软质刮刀、网筛、耐热手套、手动打蛋器、电动打蛋器、裱花袋、餐盘等。

三、舒芙蕾蛋糕配方(见表3-7)

表3-7　舒芙蕾蛋糕配方

项目	原料	质量/g	烘焙百分比
蛋糕面糊	鸡蛋	150	42.6%
	奶油奶酪	90	25.6%
	牛奶	50	14.2%
	白砂糖	30	8.5%
	黄油	15	4.3%

续表

项目	原料	质量/g	烘焙百分比
蛋糕面糊	玉米淀粉	10	2.8%
	低筋面粉	5	1.4%
	柠檬汁	2	0.6%
	合计	352	100.0%
装饰料	奶油霜	适量	—

规格：舒芙蕾蛋糕直径为 6 英寸。

数量：本配方可制成舒芙蕾蛋糕 1 个。

四、工艺流程

蛋糕面糊调制→入模成型→烘烤、冷却、脱模、装饰。

五、制作

（一）制作步骤

1. 蛋糕面糊调制

步骤 1

在奶锅中倒入适量水，放在电磁炉上煮沸备用。

步骤 2

将鸡蛋的蛋白与蛋黄分离，分别放入 2 个洗净擦干、无油无水的不锈钢盆里。

步骤 3

将奶油奶酪、黄油和牛奶放入不锈钢盆,再把不锈钢盆放在奶锅上隔水加热,用手动打蛋器将上述奶酪糊搅拌至光滑、无颗粒,拿出不锈钢盆。

步骤 4

在奶酪糊中加入蛋黄,用手动打蛋器搅拌均匀。

步骤 5

将低筋面粉和玉米淀粉混合均匀,筛入不锈钢盆里,用手动打蛋器搅拌均匀,制成蛋黄糊。

步骤 6

在蛋白中加入柠檬汁,用电动打蛋器进行搅打,在搅打过程中分3次加入白砂糖,先高速搅打再低速搅打,直至形成中性发泡的蛋白霜。

项目三 装饰蛋糕制作

步骤 7

先取 1/3 蛋白霜加入蛋黄糊里，用手动打蛋器翻拌均匀；再把蛋黄糊倒入剩下的蛋白霜里，用软质刮刀翻拌均匀，制成舒芙蕾蛋糕面糊。

2. 入模成型

步骤

将拌匀的蛋糕面糊倒入 6 英寸活底蛋糕模中，七成满即可。

3. 烘烤、冷却、脱模、装饰

步骤

将蛋糕模用烤盘盛装，放入预热至上、下火均为 170 ℃的烤箱中，在烤盘内注入适量的热水，烘烤 10 min 左右，直到半成品完全膨起；然后将上、下火均降为 160 ℃，再继续烘烤 5 min 后取出；待成品冷却后脱模，用奶油霜裱花装饰，摆盘即可。

（二）制作注意事项

1. 6 英寸活底蛋糕模在用前一定要清洗干净，不能有水、油和其他杂物，否则烤好的蛋糕会有质量问题。

2. 在将蛋黄与奶酪糊混合均匀后，如果室温较低，可以将盛装其的不锈钢盆放在温水中隔水保温,以免奶油奶酪凝固而难以与蛋白霜混合均匀。

3.打发蛋白时不要过头,提起搅拌器蛋白霜呈公鸡尾状即可。打发过头的蛋白霜难以与蛋黄糊混合均匀。

4.混合蛋白霜与蛋黄糊时,或切拌或翻拌,注意刮边和刮底,切忌一直画圈搅拌,以免消泡。

5.将舒芙蕾蛋糕糊倒入蛋糕模时,七成满即可,因为它烧烤时受热会继续膨胀。

6.具体的烘烤时间可根据实际情况确定。例如,若使用直径为 9 cm(约 3.5 英寸)的模具,烘烤 10 min 左右就可以了。

7.通常舒芙蕾蛋糕烤好后要立即食用。若舒芙蕾蛋糕已经放凉了,可以用微波炉稍微加热一下(不超过 30 s),其蛋糕体会再次膨胀一些,但是再次膨胀后的体积不如刚烤好时的大。

六、相关知识

(一)舒芙蕾蛋糕成品质量标准

1.成品质地细腻、富有弹性。

2.成品口感湿润、轻盈,伴有浓郁的蛋奶香气。

3.成品均匀膨胀。

4.成品卫生情况良好,无塌陷现象。

(二)舒芙蕾蛋糕制作的常见问题、主要原因及处理方法(见表 3-8)

表 3-8 舒芙蕾蛋糕制作的常见问题、主要原因及处理方法

常见问题	主要原因	处理方法
蛋糕塌陷,体积膨胀不足	蛋白霜打发好后放置太久才与蛋黄糊混合,部分气泡已消失导致膨胀不足	先制作蛋黄糊,蛋黄糊可以等蛋白霜,但要避免蛋白霜等蛋黄糊;蛋白霜打发好后应尽快与蛋黄糊拌匀
	蛋白霜与蛋黄糊没有充分拌匀	用软质刮刀顺时针从不锈钢盆底部沿着盆边缘搅拌,使二者充分融合
	在烘烤中途打开烤箱门	蛋糕需要一次烘烤成型,当根据实际情况调整时间及温度时,可通过烤箱门上的视窗观察蛋糕状态,尽量不打开烤箱门

项目四 甜点制作

甜点最早被当作祭祀用的点心。在 10 世纪，欧洲人开始在制作甜点时使用糖，这使甜点制作技术有了进一步发展。本项目主要介绍慕斯和提拉米苏的制作方法。慕斯与布丁一样属于甜点，但慕斯比布丁更柔软，入口即化。提拉米苏是一种带咖啡味儿和酒味儿的意大利甜点，它具有香、滑、甜、腻的口味特点。

甜点制作的任务包括：巧克力慕斯制作、水果慕斯制作、提拉米苏制作。

任务一　巧克力慕斯制作

一、学习目标

（一）知识目标
了解巧克力慕斯制作设备的作用。

（二）技能目标
学会制作巧克力慕斯的工艺流程。
能够发现和分析巧克力慕斯制作的常见问题，并掌握处理方法。

二、设备和工具准备

设备：烤箱、冷藏冷冻柜、电磁炉。

工具：电子秤、不锈钢盆、不锈钢碗、奶锅、手动打蛋器、电动打蛋器、软质刮刀、6英寸活底慕斯模、网筛、锯齿刀、冷却烤盘晾网架、热毛巾等。

三、巧克力慕斯配方（见表4-1）

表4-1 巧克力慕斯配方

项目	原料	质量/g	烘焙百分比
蛋糕面糊	鸡蛋	100	48.5%
	牛奶	40	19.4%
	低筋面粉	28	13.6%
	细砂糖	23	11.2%
	色拉油	13	6.3%
	柠檬汁	2	1.0%
	合计	206	100.0%
慕斯糊	淡奶油	250	61.0%
	牛奶	100	24.4%
	黑巧克力	30	7.3%
	细砂糖	20	4.9%
	吉利丁片	10	2.4%
	合计	410	100.0%
装饰料	可可粉	少许	—

规格：巧克力慕斯直径为6英寸。

数量：本配方可制成巧克力慕斯成品1个。

四、工艺流程

蛋糕面糊调制→烘烤→冷却、脱模→慕斯糊调制→组装→冷冻或冷藏定型、脱模、装饰。

五、制作

（一）制作步骤

1. 蛋糕面糊调制

步骤 1

将鸡蛋的蛋黄和蛋白分离。

步骤 2

将牛奶和色拉油用手动打蛋器充分混合均匀，先筛入低筋面粉搅拌均匀，再加入蛋黄搅拌均匀，制成蛋黄糊备用。

步骤 3

在蛋白中加入柠檬汁，将电动打蛋器调至高挡位快速搅打，分3次加入细砂糖。

步骤 4

当蛋白霜有清晰纹路出现时，将电动打蛋器调至低速挡继续搅打2 min，这时提起电动打蛋器，蛋白霜呈大弯钩状，就说明打发好了。

步骤 5

将蛋白霜分 3 次倒入蛋黄糊中,每次倒入后都要用软质刮刀翻拌均匀,制成蛋糕面糊。

2. 烘烤

步骤 1

将蛋糕面糊倒入 6 英寸活底慕斯模中。

步骤 2

将慕斯模放入预热至上火 200 ℃、下火 160 ℃的烤箱,烘烤 10 min。

3. 冷却、脱模

步骤

将烤至金黄色的蛋糕取出,在冷却烤盘晾网架上冷却后脱模,备用。

4. 慕斯糊调制

步骤 1

将吉利丁片掰成小片,放入冷水中软化 10 min,沥干水分。

步骤 2

用奶锅盛装牛奶,在牛奶中加入黑巧克力、10 g 细砂糖,小火加热,用软质刮刀搅拌至黑巧克力和细砂糖融化,关闭电磁炉,加入软化的吉利丁片搅拌至融化均匀,制成巧克力牛奶,冷却,备用。

步骤 3

在淡奶油中加入 10 g 细砂糖,用电动打蛋器打发至纹路清晰、无气泡即可,制成奶油霜备用。

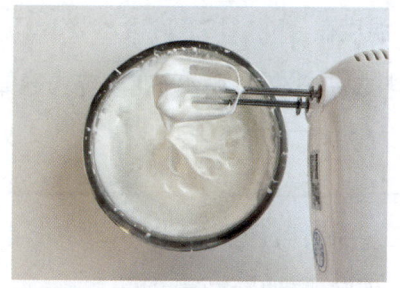

步骤 4

将巧克力牛奶分 3 次倒入奶油霜中,每次倒入后都要用软质刮刀翻拌均匀,制成慕斯糊。

5. 组装

步骤 1

将蛋糕用锯齿刀切分成两片，将其中一片放入 6 英寸活底慕斯模中做底，倒入 1/2 的慕斯糊。

步骤 2

在慕斯糊上方放入另一片蛋糕，倒入剩余的 1/2 慕斯糊，将慕斯糊表面用软质刮刀抹平。

6. 冷冻或冷藏定型、脱模、装饰

步骤

将慕斯模放入冰箱冷冻或冷藏（温度在 –5～10 ℃）至少 2 h，取出半成品脱模，用网筛在巧克力慕斯表面筛一层可可粉进行装饰。

（二）制作注意事项

1. 蛋白霜制作注意事项

（1）鸡蛋要保证新鲜，否则蛋白与蛋黄不易分离。在夏季当气温超过 30 ℃时，将鸡蛋先冷藏能有助于蛋白与蛋黄的分离。

（2）若分离时蛋白中混有蛋黄，则必须及时把蛋黄处理干净，以保证搅拌容器干净、无油脂，否则蛋白充入空气后体积膨胀得不够，或根本无法打发。

（3）蛋白的适宜打发温度是 17～22 ℃。若温度太高，蛋白黏性较差包不住空气；若温度太低，搅打时间会延长，反而会破坏蛋白组织。

（4）制作蛋白霜时，为了提高蛋白的起泡性，可以在蛋白中加入少许柠檬汁。因为蛋白在一般情况下是弱碱性的，要调成中性或者酸性才能提高起泡性，而加入柠檬汁能够降低蛋白的 pH 值。应尽量避免使用人工添加剂，推荐使用柠檬汁等天然酸度调节剂。

（5）制作蛋白霜时建议分 3 次加入细砂糖，防止每次搅打时细砂糖太多而融化得不够好，便于在蛋白中充入更多空气。

（6）当蛋白霜打发完成后，不能放置太久，否则容易消泡。

2. 蛋黄糊制作注意事项

（1）建议在牛奶中加入色拉油，这样蛋黄中充入的空气才能散出。如果在色拉油中加入牛奶，因为色拉油能够包住空气，所以蛋黄中的空气不易散出。

（2）加入低筋面粉后要立即搅拌，避免产生颗粒。但不要搅拌太久，因为这样蛋黄糊容易产生筋力，影响蛋糕面糊烧烤时的膨胀，可能导致成品表面产生较深的裂缝且口感较硬。

3. 蛋糕面糊调制注意事项

（1）分 3 次将蛋白霜与蛋黄糊混合，是为了降低蛋糕面糊的密度，避免过多空气散出。注意，翻拌时间不能过长，用力不能过猛，要上下翻拌均匀，否则空气散出得较多。

（2）如果蛋黄糊不能及时与蛋白霜混合，一定要用保鲜膜封上，防止其干皮。

（3）调制好的蛋糕面糊要保证尽快烘烤。

4. 组装注意事项

（1）将慕斯糊倒入慕斯模之前，可按需先冷冻或冷藏一定时间。

（2）应将慕斯糊均匀地倒入慕斯模，避免产生气泡。

（3）可以在慕斯模与慕斯糊接触的部位撒少许糖粉或刷少许油进行润滑，以方便脱模。

六、相关知识

（一）巧克力慕斯制作设备相关知识

冷藏冷冻柜（见图 4-1）是一种对甜点、常温蛋糕等西点产品进行冷藏、冷冻同时也进行展示的设备。在制作完巧克力慕斯后，要将其放入冷藏冷冻柜进行保存和展示。

图 4-1　冷藏冷冻柜

（二）巧克力慕斯成品质量标准

1. 成品质地柔软、丝滑、细腻。
2. 成品入口即化，有浓郁的可可香味。
3. 成品无气泡、无颗粒感。
4. 成品卫生情况良好。

（三）巧克力慕斯制作的常见问题、主要原因及处理方法（见表4-2）

表 4-2　巧克力慕斯制作的常见问题、主要原因及处理方法

常见问题	主要原因	处理方法
慕斯糊不凝固	胶质原料过少	可以把慕斯糊分离出来，加入适量融化的吉利丁，轻柔地切拌均匀，再重新组装、冷冻或冷藏定型
	慕斯糊过稀	当发现慕斯糊过稀时，应将其冷藏几分钟，待其更稠时取出切拌均匀，再进行组装
	慕斯糊过稠	当发现慕斯糊过稠时，应将盛装慕斯糊的容器放在温水中水浴几十秒，待其更稀时取出切拌均匀，再进行组装

续表

常见问题	主要原因	处理方法
成品变形	淡奶油打发不足	1. 确认淡奶油是否过期变质 2. 应在淡奶油呈低温状态时将其打发，因为淡奶油温度升高就会融化而不宜打发 3. 建议选用含脂量在30%以上的淡奶油（含脂量低于30%的不易打发） 4. 打发速度不宜太快
	脱模方法不正确	可用热毛巾沿着慕斯模边缘均匀擦拭，直到用手轻轻地向下拉慕斯模，慕斯模能轻松滑下。严禁强制向下拉慕斯模，那样会导致巧克力慕斯边缘不完整
	切分时手法及工具不正确	严格按照规范要求操作，同时选用专用切割刀

任务二　水果慕斯制作

水果慕斯诞生在法国巴黎，西式面点师在淡奶油中加入起稳定作用的凝固剂，以改善蛋糕组织结构和口感，将其冷冻或冷藏后味道极佳。水果慕斯的外形、颜色、结构、口味变化丰富，能给西式面点师极大的创造空间。

⚙ 一、学习目标

（一）知识目标

了解水果慕斯原料的营养特点。

（二）技能目标

学会制作水果慕斯的工艺流程。

能够发现和分析水果慕斯制作的常见问题，并掌握处理方法。

⚙ 二、设备和工具准备

设备：烤箱、冷藏冷冻柜、电磁炉。

工具：电子秤、不锈钢盆、不锈钢碗、奶锅、软质刮刀、手动打蛋器、电动打蛋器、6英寸活底慕斯模、网筛、锯齿刀、切片刀、冷却烤盘晾网架、热毛巾等。

三、水果慕斯配方（见表4-3）

表4-3 水果慕斯配方

项目	原料	质量/g	烘焙百分比
蛋糕面糊	鸡蛋	100	48.5%
	牛奶	40	19.4%
	低筋面粉	28	13.6%
	细砂糖	23	11.2%
	色拉油	13	6.3%
	柠檬汁	2	1.0%
	合计	206	100.0%
慕斯糊	草莓粒	300	43.5%
	淡奶油	250	36.2%
	牛奶	100	14.5%
	细砂糖	20	2.9%
	吉利丁片	20	2.9%
	合计	690	100.0%
装饰料	草莓	12颗	—
	防潮糖粉	少许	—

规格：水果慕斯直径为6英寸。

数量：本配方可制成水果慕斯成品1个。

四、工艺流程

蛋糕面糊调制→烘烤→冷却、脱模→慕斯糊调制→组装→冷藏定型→脱模、装饰。

五、制作

（一）制作步骤

1. 蛋糕面糊调制

步骤1

将鸡蛋的蛋黄和蛋白分离。

步骤 2

将牛奶和色拉油用手动打蛋器充分混合均匀，筛入低筋面粉搅拌均匀，加入蛋黄搅拌均匀，制成蛋黄糊备用。

步骤 3

在蛋白中加入柠檬汁，用电动打蛋器的高挡位快速搅打蛋白，分3次加入细砂糖，当蛋白霜有清晰纹路出现时，将电动打蛋器调至低挡位继续搅打2 min，这时提起电动打蛋器，蛋白霜呈大弯钩状，就说明打发好了。

步骤 4

将蛋白霜分3次倒入蛋黄糊中，每次倒入后都要用软质刮刀翻拌均匀，制成蛋糕面糊。

2. 烘烤

步骤 1

将慕斯面糊倒入6英寸活底慕斯模中。

步骤 2

将慕斯模放入预热至上火 200 ℃、下火 160 ℃的烤箱，烘烤 10 min。

3. 冷却、脱模

步骤

将烤至金黄色的蛋糕取出，在冷却烤盘晾网架上冷却后脱模，备用。

4. 慕斯糊调制

步骤 1

将吉利丁片掰成小片，放入冷水中软化 10 min，沥干水分。

步骤 2

用奶锅盛装牛奶，在牛奶中加入草莓粒和 10 g 细砂糖，小火加热，用软质刮刀搅拌至细砂糖融化，关闭电磁炉，加入软化的吉利丁片搅拌至融化均匀，制成草莓牛奶，冷却，备用。

步骤 3

在淡奶油中加入 10 g 细砂糖,用电动打蛋器打发至纹路清晰、无气泡即可,制成奶油霜备用。

步骤 4

将草莓牛奶(温度宜控制在 40 ℃左右)分 3 次倒入奶油霜中,每次倒入后都要用软质刮刀翻拌均匀,制成慕斯糊。

5. 组装

步骤 1

将蛋糕用锯齿刀切分成两片,将其中一片放入 6 英寸活底慕斯模中做底。

步骤 2

在蛋糕顶部倒入 1/2 的慕斯糊,取 6 颗草莓,将其中间部位用切片刀切分成 12 片,在慕斯糊上靠着慕斯模摆一圈草莓片。

6. 冷藏定型

步骤

在慕斯糊上方放入另一片蛋糕，倒入剩余的1/2慕斯糊，将慕斯糊表面稍抹平，另取6颗草莓对半切开，摆放在慕斯糊上方，将半成品冷藏至少6h。

7. 脱模、装饰

步骤

取出定型好的半成品，脱模，筛少许防潮糖粉进行装饰，用切片刀切分即可。

（二）制作注意事项

1. 调制慕斯糊时，各原料的配比一定要正确。

2. 在进行脱模时，可以将半成品放在蛋糕架上，用热毛巾沿着慕斯模边缘均匀擦拭，直到用手轻轻地向下拉慕斯模，慕斯模能轻松滑下。严禁强制向下拉慕斯模，那样会导致水果慕斯边缘不完整。

六、相关知识

（一）水果慕斯原料相关知识

草莓的添加使水果慕斯具有清爽、酸甜的口味。在制作水果慕斯时，如果想添加酸性较大的水果，建议将其稍煮一下，以降低其酸性。

（二）水果慕斯成品质量标准

1. 成品质地柔软、丝滑、细腻。

2. 成品入口即化，有浓郁的草莓香味。

3. 成品无气泡、无颗粒感。

4. 成品卫生情况良好。

（三）水果慕斯制作的常见问题、主要原因及处理方法（见表 4-4）

表 4-4　水果慕斯制作的常见问题、主要原因及处理方法

常见问题	主要原因	处理方法
成品出水	配方中含水原料与吉利丁的配比不正确	适当减少含水原料的用量或者适当增加吉利丁的用量
	组装后未及时将半成品冷藏或将其反复冷冻	应将做好的慕斯成品及时冷藏，不建议冷冻水果慕斯
慕斯体粗糙、口感较差	淡奶油打发过头	可根据慕斯糊的质量添加 1/10 的未打发淡奶油，用软质刮刀翻拌至光滑、均匀
	慕斯糊非水果部分未与水果混合，冷藏后水果脱落	可以添加果膏，将其与水果煮成果泥，果泥这种水果形态和奶油霜拌和就不会出现慕斯糊变硬的现象，从而使水果慕斯蛋糕外表光滑、细腻，品尝时入口即化

任务三　提拉米苏制作

提拉米苏以马斯卡彭奶酪为主要原料，用手指饼干取代海绵蛋糕做底，加入咖啡粉、可可粉等其他原料。

一、学习目标

（一）知识目标

熟悉提拉米苏原料的营养特点。

（二）技能目标

学会制作提拉米苏的工艺流程。

能够发现和分析提拉米苏制作的常见问题，并掌握处理方法。

二、设备和工具准备

设备：烤箱、冷藏冰箱、电磁炉。

工具：电子秤、烤盘、奶锅、软质刮刀、手动打蛋器、电动打蛋器、正方形慕斯模、网筛、毛刷、不锈钢盆、不锈钢碗、切片刀、裱花袋、油纸、长针形温度计等。

三、提拉米苏配方(见表4-5)

表4-5 提拉米苏配方

项目	原料	质量/g	烘焙百分比
饼干面糊	鸡蛋	100	45.04%
	低筋面粉	60	27.03%
	细砂糖	60	27.03%
	香草精	2	0.90%
	合计	222	100.00%
慕斯糊	马斯卡彭奶酪	750	31.78%
	淡奶油	700	29.66%
	纯净水	400	16.95%
	细砂糖	200	8.47%
	朗姆酒	150	6.36%
	蛋黄	140	5.93%
	浓缩咖啡粉	15	0.64%
	吉利丁片	5	0.21%
	合计	2 360	100.00%
装饰料	可可粉	适量	—

规格:提拉米苏长度为12.5 cm,厚度为3.5 cm。

数量:本配方可制成提拉米苏成品2个。

四、工艺流程

手指饼干制作→慕斯糊调制→组装、冷藏定型、装饰、脱模、切分。

五、步骤

(一)制作步骤

1. 手指饼干制作

步骤1

将鸡蛋的蛋白和蛋黄分离。

项目四　甜点制作

步骤 2

在蛋黄中加入细砂糖 10 g 和香草精 2 g，用手动打蛋器搅打至蛋黄糊发白，备用。

步骤 3

在蛋白中加入 50 g 细砂糖，用电动打蛋器搅打至硬性发泡，制成蛋白霜。

步骤 4

将蛋白霜分次加入打好的蛋黄糊中，用软质刮刀切拌均匀。

步骤 5

加入过筛的低筋面粉，用软质刮刀翻拌均匀，制成饼干面糊。

步骤 6

将饼干面糊装入裱花袋，在铺有油纸的烤盘上挤出手指饼干坯。

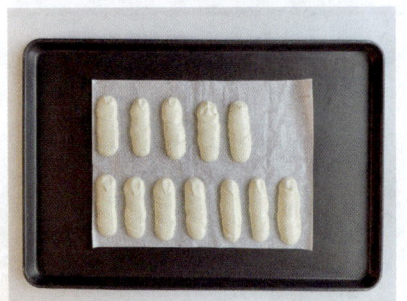

步骤 7

预热烤箱至上火 200 ℃、下火 160 ℃，先将手指饼干坯烘烤 10 min 再转上、下火均为 160 ℃烘烤，烤至手指饼干呈金黄色即可。

2. 慕斯糊调制

步骤 1

用冷水泡吉利丁片，备用。

步骤 2

将蛋黄用手动打蛋器搅打至发白，制成蛋黄液备用。

步骤 3

在奶锅中将 200 g 细砂糖与适量纯净水混合，用电磁炉熬煮糖水，煮至 120 ℃左右。

步骤 4

将糖水匀速倒入蛋黄液中，边倒边用软质刮刀搅拌；再加入泡好的吉利丁片，用软质刮刀搅拌至融化均匀。

项目四 甜点制作

步骤 5
加入马斯卡彭奶酪,用软质刮刀搅拌至糊体顺滑,制成奶酪糊。

步骤 6
用电动打蛋器打发淡奶油至纹路清晰、无气泡,制成奶油霜。

步骤 7
将奶油霜分2次拌入奶酪糊中,用软质刮刀翻拌均匀,制成慕斯糊,装入裱花袋中备用。

3. 组装、冷藏定型、装饰、脱模、切分

步骤 1
用适量纯净水冲泡浓缩咖啡粉,加入朗姆酒搅拌均匀,制成咖啡液。

步骤 2
在手指饼干表面刷一层咖啡液。

步骤 3

将咖啡色手指饼干摆放在正方形慕斯模底部，在其上方裱挤一层慕斯糊。

步骤 4

再摆一层咖啡色手指饼干并裱挤一层慕斯糊，将半成品冷藏 10 h 以上，待其定型后取出，在表面均匀地筛一层可可粉。

步骤 5

脱模，用切片刀切分。

（二）制作注意事项

1. 马斯卡彭奶酪难以保存，使用时要注意保质期。
2. 手指饼干可以自己制作，也可以购买成品，建议选用口感松脆的手指饼干。

六、相关知识

（一）提拉米苏原料相关知识

1. 浓缩咖啡粉

浓缩咖啡粉加热水可调成咖啡。喝咖啡可以帮助人们消除疲劳、集中注意力。本任务将浓缩咖啡粉加在慕斯糊中，制作方便快捷，成品口味较好。

2. 马斯卡彭奶酪

马斯卡彭奶酪是由新鲜牛奶发酵而制成的。它略带甜味，具有浓郁的奶香，是制作提拉米苏的重要原料。

（二）提拉米苏成品质量标准

1. 成品口感醇厚、细腻，伴有咖啡香味。

2. 饼干层质地松软。

3. 慕斯层发泡细腻、质地浓稠，口感较好。

4. 成品卫生情况良好。

（三）提拉米苏制作的常见问题、主要原因及处理方法（见表 4-6）

表 4-6　提拉米苏制作的常见问题、主要原因及处理方法

常见问题	主要原因	处理方法
慕斯糊有腥味	原料不新鲜，尤其是乳制品及鸡蛋不新鲜	在原料新鲜的前提下适当添加酒类或柠檬汁可以去腥，但要注意添加量，应避免液体原料过多而影响吉利丁片的凝固效果
	制作工具不干净	在制作之前应检查工具有无异味、有无残留物，应确保所用工具是干净的
慕斯糊很稀	慕斯糊整体未消泡	可以用软质刮刀多翻拌几次，让慕斯糊轻微消泡、质地变顺滑；或者隔水稍稍加热慕斯糊，注意水温不宜过高、时间不宜过长
慕斯糊很稠	慕斯糊温度过高	在使用之前可隔冰水将慕斯糊降温，但这样操作会影响口感

附录 中英文术语对照表

一、原料类

序号	中文	英文
1	酶	enzyme
2	淀粉酶	amylase
3	蛋白酶	protease
4	脂氧化酶	lipoxidase
5	脂肪酶	lipase
6	黑麦粉	rye flour
7	糕点专用粉	pastry flour
8	营养强化面粉	nutrient enrichment flour
9	蔗糖	sucrose
10	转化糖浆	invert syrup
11	葵花籽油	sunflower oil
12	芝麻油	sesame oil
13	菜籽油	rapeseed oil
14	椰子油	coconut oil

续表

序号	中文	英文
15	起酥油	shortening
16	山核桃	pecans
17	松子	pine nuts
18	榛子	hazelnuts
19	腰果	cashew nuts
20	山楂	hawthorn
21	车厘子	cherry
22	苹果干	dried apple
23	梨干	dried pear
24	特色巧克力	feature chocolate
25	可可制品	cocoa product
26	可可液块	cocoa liquid lump
27	乳脂肪	milk fat
28	乳蛋白	dairy protein
29	酪蛋白	casein
30	乳清蛋白	lactalbumin
31	鲜乳	fresh milk
32	巴氏杀菌乳	pasteurized milk
33	淡炼乳	evaporated condensed milk
34	咖啡奶油	coffee cream
35	酸奶	yoghurt
36	酸性奶油	sour cream butter
37	即发干酵母	instant dry yeast
38	保鲜剂	preservative/antistaling agent
39	抗氧化剂	antioxidant
40	番茄酱	ketchup
41	威士忌	whisky

续表

序号	中文	英文
42	雪利酒	sherry
43	利口酒	liqueur
44	琼脂	agar
45	海藻酸钠	sodium alginate
46	天然苋菜红	natural amaranth red
47	胡萝卜素	carotene
48	姜黄素	curcumin
49	焦糖色素	caramel pigment
50	甜橙油	sweet orange oil
51	柠檬油	lemon oil
52	香草醛	vanillin
53	柠檬酸	citric acid
54	乙酸	acetic acid
55	丙酸钙	calcium propanoate
56	丙酸钠	sodium propanoate
57	山梨酸钾	potassium sorbate

二、设备工具类

序号	中文	英文
1	巧克力融化锅	chocolate melting pot
2	蛋糕模	cake mould
3	比萨盘	pizza pan
4	多连模具	multi-link mould
5	雕刻刀	carving knife
6	切模	cutter set

三、工艺类

序号	中文	英文
1	面粉系数	flour quotiety
2	醒发损耗	fermentation loss
3	连续醒发	continue fermentation
4	液体醒发法	liquid ferment method
5	冷冻面团醒发法	frozen dough method
6	酸面团醒发法	sourdough method
7	中间醒发	intermediate fermentation
8	割	cut
9	装盘	dish up
10	变成焦糖	caramelize
11	美拉德反应	Maillard reaction

四、性状类

序号	中文	英文
1	溶解度	solubility
2	烘焙均匀性	baking uniformity
3	质地	texture
4	颗粒状的	granular
5	吸湿性	hygroscopicity
6	熔点	melting point
7	沸点	boiling point
8	吸水率	water absorption

五、馅料、装饰料类

序号	中文	英文
1	蛋奶液	egg milk
2	蛋糕面糊	cake paste

附录　中英文术语对照表

续表

序号	中文	英文
3	慕斯糊	mousse paste
4	色拉酱	mayonnaise
5	火腿玉米配料	ham and corn toppings
6	咖喱粉	curry powder